Excel でしっかり学ぶデータ分析

石丸 清登 著

KAIBUNDO

はじめに

　最近の計算機環境のもとでデータ分析を行うには，データ分析用アプリケーションの扱い方，確率・統計学の知識を有することが必要要件となる．このことは，誰しもが認めることであり，この 2 つを効率よく習得できることが求められている．

　通常，データ分析は，アプリケーションが提示する機能の範囲内で行うことになり，細かな機能変更はできない．機能変更を可能とするような柔軟性を持つアプリケーションもあるが，プログラミングの基礎知識を必要とする場合が多い．また，アプリケーションの販売価格を考慮するならば，誰でも，何処でも実践的なデータ分析手法の学習ができるわけではない．このように，データ分析を学ぼうとする初心者は，いくつもの障害を乗り越えなければならない．

　本書は，これらの障害が比較的少ない，今では，誰でも，何処でも利用が容易な表計算ソフトである Excel を使って，データ分析の理論とその実践方法の習得を同時並行的に行うことを意図している．

　各章の構成は，次のようになっている．まず，データ分析の基本的な考え方の説明を行い，次に，その分析を実行するための「Excel 操作」を記述している．データ分析の詳細な理論的な背景は，「Note」で解説している．したがって，データ分析の How To のみに興味ある者は「Excel 操作」だけを，基本的な理論に興味ある者は「Excel 操作」の前に記述した説明を読めばよい．時間があれば，データ分析の理論的な側面を習得するために，「Note」を読むことを勧める．各章の依存関係は特に持たせていないが，データ分析が全くの初心者であれば，第 1 章「記述統計」と第 2 章「標本調査」をまず読み，それから，他の章へと進めばよい．Excel に関する記述は Excel 2003（Windows 版）をもとにしているが，グラフ作成に関することを除けば，Excel 2007（Windows 版）にも適用できる．

本書を理解するには，Excel の基本操作と関数の使い方，理論的な理解に必要な行列とベクトルの数学的記法，高校程度の確率・統計，そして，大学初年程度の行列・微分・積分・テーラー展開の初歩的な知識が必要である．

　最後に，本書の出版にご尽力頂いた海文堂出版編集部の岩本登志雄氏，そして，数多くの校正の労をとって頂いた臣永真氏に感謝致します．また，週末の執筆を快く見守ってくれた妻・幸子に感謝します．

2010 年 4 月

石丸清登

目　次

第 1 章　記述統計　　*1*

1.1　統計の役割　*1*
1.2　データの分布状態の把握　*1*
　1.2.1　棒グラフとヒストグラム　*2*
　1.2.2　累積構成比による要因分析　*7*
1.3　分布状態の定量的把握　*13*
1.4　Excel の分析ツールによる基本記述統計量　*15*

第 2 章　標本調査　　*19*

2.1　集団の代表的統計量　*19*
　2.1.1　母平均と母分散　*19*
　2.1.2　標本平均の性質　*21*
2.2　正規母集団の統計的推定　*23*
　2.2.1　母平均の区間推定　*23*
　2.2.2　母分散の区間推定　*27*
2.3　正規母集団に関する検定　*30*
　2.3.1　平均値の検定　*31*
　2.3.2　分散の検定　*34*

2.4　正規母集団の比較　*37*

　　2.4.1　平均値の差の検定　*37*

　　2.4.2　等分散の検定　*43*

　2.5　正規性の検定　*46*

第3章　相関係数と回帰分析　*51*

　3.1　散布図　*51*

　3.2　相関係数　*57*

　3.3　単回帰分析　*62*

　　3.3.1　回帰係数の誤差　*65*

　　3.3.2　回帰係数の確率分布　*67*

　　3.3.3　回帰係数の検定　*68*

　3.4　重回帰分析　*77*

　3.5　カテゴリ変量を説明変数とする回帰分析　*87*

第4章　判別分析　*93*

　4.1　重回帰分析による2群データ判別　*93*

　4.2　線形判別器　*101*

　　4.2.1　境界線　*107*

　4.3　ロジスティック回帰による2群判別　*114*

　　4.3.1　最尤推定法　*114*

　　4.3.2　分析の適合度　*120*

　　4.3.3　回帰係数の検定　*124*

第5章　分散分析　127

5.1　分散分析とは？　127

5.2　1元配置分散分析　129

5.3　2元配置分散分析　139

　5.3.1　交互作用の検定　140

　5.3.2　行・列要因効果の検定　147

5.4　回帰分析による分散分析　150

　5.4.1　1元配置分散分析　150

　5.4.2　2元配置分散分析　155

第6章　比率の検定　161

6.1　母比率の検定　161

　6.1.1　標準正規分布による検定　161

　6.1.2　2項分布による検定　164

　6.1.3　F分布・β分布による検定　166

6.2　母比率分布の検定（適合度の検定）　169

6.3　母比率の差の検定　174

第7章　関連性の検定　185

7.1　独立性の検定　185

　7.1.1　カイ2乗検定　185

　7.1.2　フィッシャーの直接確率法　190

7.2　適合度の検定と独立性の検定　194

7.3　2変量の関連性指標　*195*

7.4　ロジスティック回帰による2群の比較　*201*

第8章　データ包絡分析　*207*

8.1　データ包絡分析とは？　*207*

   8.1.1　達成可能な改善目標　*207*

   8.1.2　評価対象となる事業体　*208*

   8.1.3　最適化問題としてのデータ包絡分析　*209*

8.2　データ包絡分析例　*215*

参考文献　*225*

索引　*227*

第1章 記述統計

1.1 統計の役割

統計学は，対象の状態や活動（事象）を観測して得たデータを理解しやすい形に表現する．これを**記述統計学**と呼んでいる．

統計の対象となる集団のサイズが大きい場合には，集団全体からではなく一部を抽出して，全体を推定することになる．元の集団を**母集団**，そして，一部を**標本**と呼んでいる．標本から母集団の統計的性質を把握する手法として，標本が偶然的なものではないことを判断する**統計的検定**や母集団の統計的性質のばらつく範囲を推定する**統計的推定**がある．これを**推測統計学**と呼んでいる．

重要なことは，「状況の単なる受動的な把握だけではなく，理解したい対象の背後にある規則性を観測データから導き出し，最良の行動を採用するための基礎を統計が作る」ということである．

1.2 データの分布状態の把握

理解したい対象の全体像を知る手っ取り早い方法は，対象に関連付けた観測データの棒グラフ，度数分布表，そして，散布図を作成することである．データの分布状態から，全データでの個々の観測値の位置づけがわかる．また，データの偏りや異常データの発見につながる．たとえば，試験の点が 90 点の場合，一人だけがそうなのか，あるいは，多くの他の人が 90 点近辺にいるのかにより，90 点の解釈が異なってくる．散布図は 2 変量間の関係調査によく使われるのだが，分布

状態の把握に利用できる．

　変量とは，集団を構成する対象を理解するための**指標**をさす．たとえば，国語の試験の受験者の得点は変量である国語の**変量値**，つまり，観測値である．

1.2.1 棒グラフとヒストグラム

Excel 操作 ①：棒グラフの作成

手順1 ワークシート「試験結果」の見出し列と行を含めたデータ範囲 a1:c20 を選択する．

手順2 「グラフウィザード」ボタン をクリックする．ダイアログ「グラフウィザード-1/4-グラフの種類」が表示される．

手順3 グラフの種類を「縦棒」，形式を既定値の「集合縦棒」にして，「次へ」ボタンをクリックする．

	A	B	C
1	名前	国語	数学
2	A	99	96
3	B	47	74
4	C	45	55
5	D	84	90
6	E	20	13
7	F	9	67
8	G	24	55
9	H	20	7
10	I	43	6
11	J	33	96
12	K	81	65
13	L	48	66
14	M	7	98
15	N	71	23
16	O	35	80
17	P	30	70
18	Q	44	21
19	R	3	24
20	S	3	4

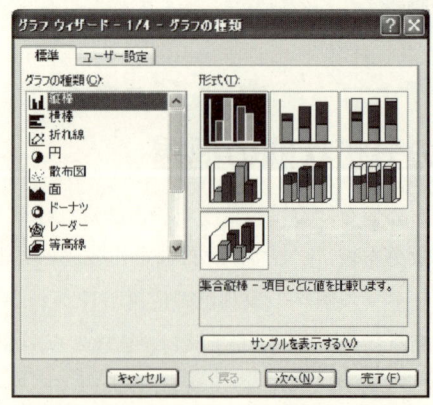

[第 1 章] 記述統計　3

|手順4| 「グラフウィザード-2/4-グラフの元データ」で「データ範囲」を確認して，「次へ」ボタンをクリックする．

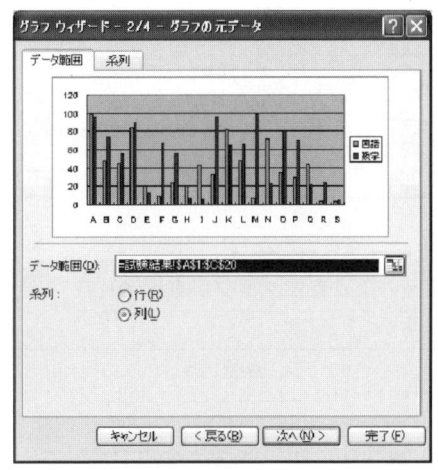

|手順5| 「グラフウィザード-3/4-グラフオプション」の「グラフタイトル」，「X/項目軸」，「Y/数値軸」に下図のように入力して，「次へ」ボタンをクリックする．

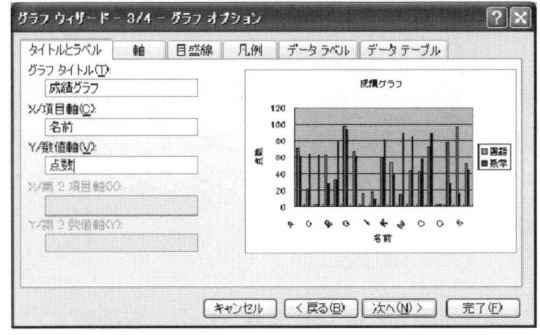

|手順6| 「グラフウィザード-4/4-グラフの作成場所」で既定値の「オブジェクト」

を選択して作成場所をデータと同一シートにする.「完了」ボタンをクリックする.

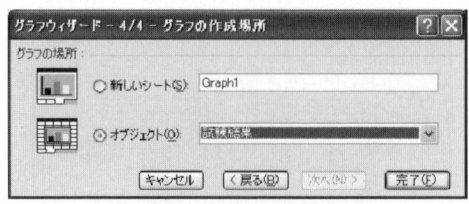

すると，下図のような棒グラフが表示される.

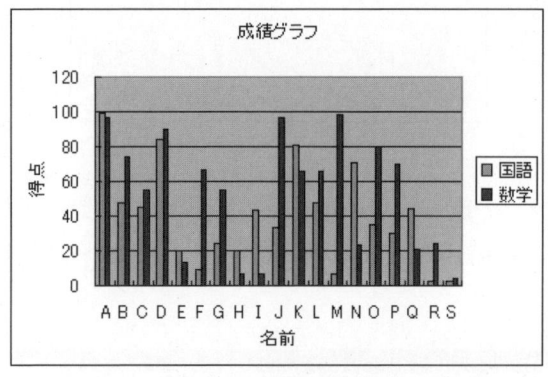

棒グラフにより，データを視覚化している．国語では，Aさんがトップの成績であることが容易にわかる．また，20点以下の受験者が多く，80点以上は3人であることもある程度わかるが，データの頻度については，度数分布表の方が明確に把握できる．

Excel 操作 ②：度数分布表とヒストグラムの作成

国語の点の度数分布表を作る．

[第1章] 記述統計　5

|手順1|　ワークシート「試験結果」に区分点を入力する．区分点が代表する区間を
バルーン表示で示している．

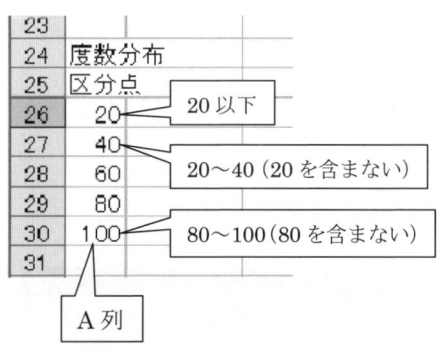

|手順2|　「ツール」メニューをクリックし，「分析ツール」をクリックする．

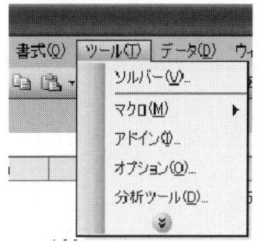

|手順3|　ダイアログ「データ分析」の中から「ヒストグラム」を選択し，「OK」ボタン
をクリックする．

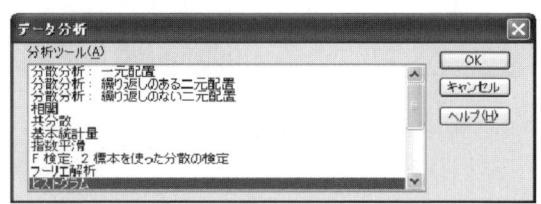

手順4 ダイアログ「ヒストグラム」で次の設定をし，「OK」ボタンをクリックする．

入力範囲	b1:b20
データ区間	a25:a30
ラベル	チェック
新規又は次のワークシート	選択
グラフ作成	チェック

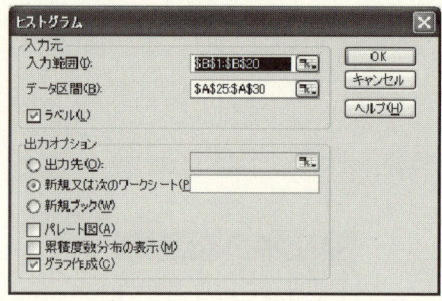

新規ワークシートに度数分布表とそのグラフが表示される．

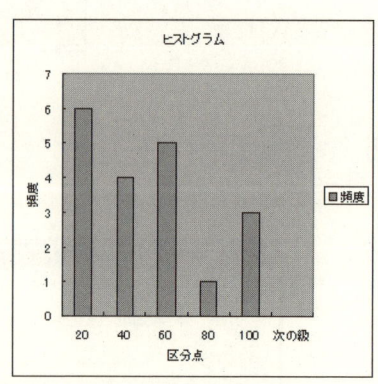

Note ①
1. 度数分布の度数を総データ数で割れば，**相対度数分布**（離散データの度数ならば**確率分布**）になる．連続値のデータの場合には，さらに，区間幅で相対度数を割れば**確率密度分布**になる．
2. 集計することにより元データの持つ情報は幾分か失われる．図 1.1 が示すように，細かい区分は度数の大きな傾向を，逆に，大きい区分は度数の細かい変化を捉えることができない．細かい区分による度数分布から，元データは2種類のデータから構成されていることがいえる．

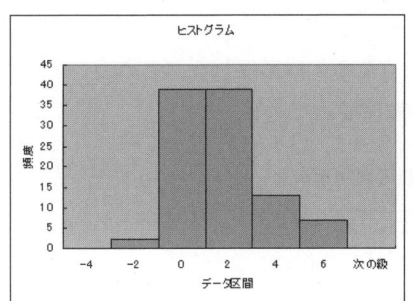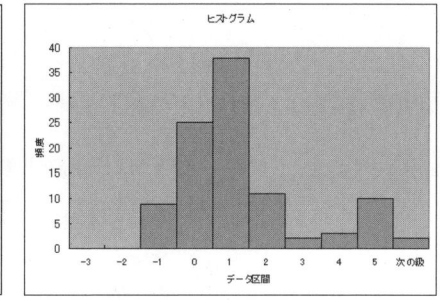

図 1.1　ヒストグラムの形状と区分区間

1.2.2　累積構成比による要因分析

国語の試験の得点の度数分布表の区分を使って，連続量である得点をグループに分ける．これを区分区間という変量名にする．このような変量を**カテゴリ変量（名義変量）**という．表 1.1 は国語の試験の度数分布表である．

度数分布表の度数を度数/全度数の相対度数に替えて相対度数表を作る．相対度数は全度数を構成する比率になる．表 1.2 は国語の試験の度数分布表である．

表 1.1　国語の試験の度数分布表

区分区間	度数
～19	6
20～39	4
40～59	5
60～79	1
80～99	3
100～	0
総度数	19

表 1.2　国語の試験の相対度数分布表

区分区間	相対度数
～19	0.32
20～39	0.21
40～59	0.26
60～79	0.05
80～99	0.16
100～	0.00

さらに，相対度数を降順に並べ替え，相対度数の累積度数を求める．これを**累積構成比**という．表 1.3 は国語の試験の累積構成比である．

表 1.3　国語の試験の累積構成比

区分区間	相対度数	累積構成比
～19	0.32	0.32
40～59	0.26	0.58
20～39	0.21	0.79
80～99	0.16	0.95
60～79	0.05	1.00
100～	0.00	1.00

累積構成比から，総度数の 80%を総度数の大半を占める区分区間（カテゴリ名）がわかり，「度数の大勢を決定する少数のカテゴリ」を見つけることができる．度数ではなく，たとえば，カテゴリ変量が商品名，相対度数が相対売上金額（売上金額/総売上金額）とするならば，総売上金額の大勢を占める商品が判明する．カテゴリ変量の値が売上げに影響を与える要因項目ならば，大勢を決定する少数の要因がわかる．

Excel 操作 ③：累積構成比による要因分析

　国語の試験の得点の相対度数を求め，さらに，相対度数の降順に得点区分を並べ替えて，各得点区分の累積構成比を求める．

[第1章] 記述統計

手順1 新規ワークシート「累積構成比」で度数表から，相対度数を計算する．

区分区間	相対度数
～19	0.32
20～39	0.21
40～59	0.26
60～79	0.05
80～99	0.16
100～	0.00

手順2 相対度数を降順に並べ替える．
① 相対度数表の任意のセルをクリックする．
② メニュー「データ」をクリックし，ドロップダウンメニューから「並べ替え」を選択する．ダイアログ「並べ替え」が表示される．

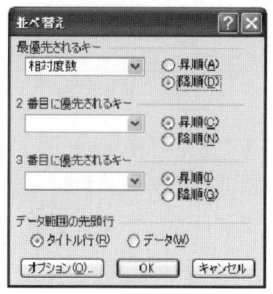

③ 「最優先されるキー」で「相対度数」と「降順」を選択して，「OK」ボタンをクリックする．降順に並べ替えられた相対度数表に表示が変わる．

G	H
区分区間	相対度数
～19	0.32
40～59	0.26
20～39	0.21
80～99	0.16
60～79	0.05
100～	0.00

手順3 降順の相対度数表から累積構成比を計算する．

G	H	I
区分区間	相対度数	累積構成比
～19	0.32	0.32
40～59	0.26	0.58
20～39	0.21	0.79
80～99	0.16	0.95
60～79	0.05	1.00
100～	0.00	1.00

手順4 相対度数と累積構成比のグラフを作成する．
① 相対度数と累積構成比のデータを範囲選択（見出しデータも含める）する．「グラフウィザード」ボタン をクリックする．ダイアログ「グラフウィザード-1/4-グラフの種類」が表示される．「グラフの種類」を「縦棒」，「形式」を「集合縦棒」にする．「次へ」ボタンをクリックする．
② 「グラフウィザード-2/4-グラフの元データ」の「系列」タブをクリックする．「項目軸ラベルに使用」に相対度数表の区分区間のデータを範囲選択（変数名を含めない）する．「次へ」ボタンをクリックする．

[第1章] 記述統計

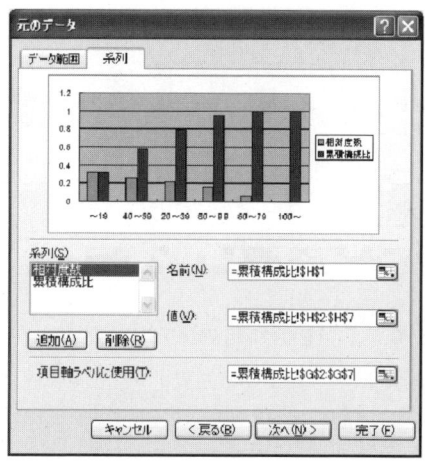

③ 「グラフウィザード-3/4-グラフオプション」の「X/項目軸」に「区分区間」を入力する．「次へ」ボタンをクリックする．

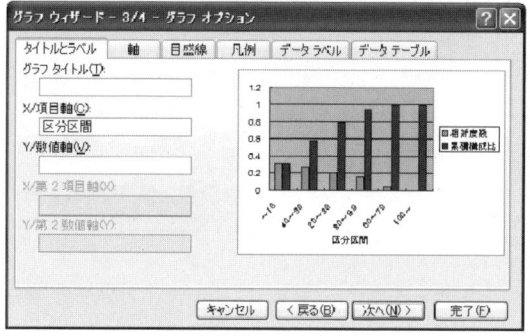

④ 「グラフウィザード-4/4-グラフの作成場所」が表示される．「完了」ボタンをクリックすれば，相対度数表のあるワークシートにグラフが表示される．

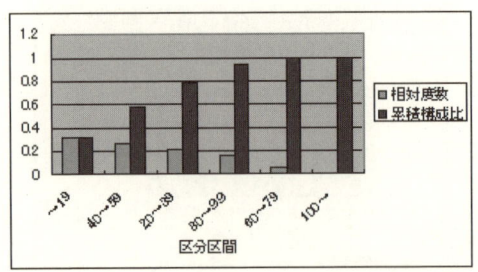

手順5 累積構成比の棒グラフを折れ線グラフに変更する．
① 累積構成比のデータ系列を右クリックする．クイックメニューの「グラフの種類」を選択する．

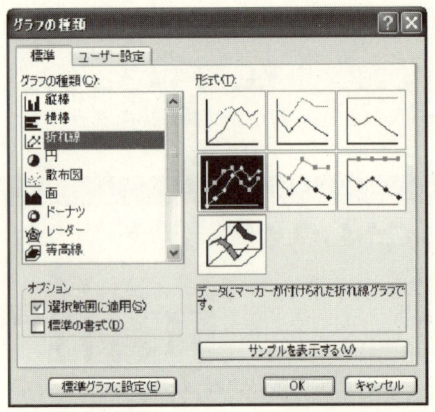

② ダイアログ「グラフの種類」において「グラフの種類」に「折れ線」，「形式」に「データにマーカーが付けられた折れ線グラフ」を選択する．「OK」ボタンをクリックする．累積構成比の棒グラフが折れ線グラフに変わる．グラフの「凡例」を選択し削除すれば次の図になる．

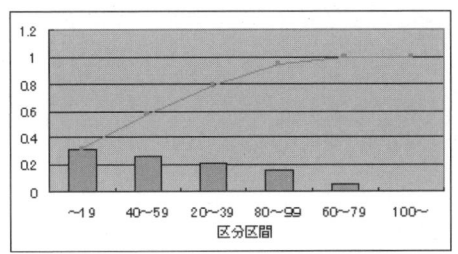

Note ②

1. 累積構成比を使ったデータ分析を **ABC分析**と呼び，ABC分析では**パレート図**（累積構成比の折れ線グラフ）を作成する．Excelの「分析ツール」の「ヒストグラム」で「パレート図」「累積度数分布の表示」「グラフの作成」にチェックを入れれば，パレート図を簡単に求めることができる．
2. ＜変量の種類＞
    - 比変量
        基準を0とする変量．値の比（関係）に意味がある．
        何倍かという質問が可能．
        　　（たとえば，体重，身長，年齢，教育年数など）
    - 間隔変量
        基準を0としない変量．値の差（関係）に意味がある．
        何倍かという質問は意味がない．
        　　（たとえば，温度，知能指数など．ただし，温度の0度は便宜上設定している）
    - 順序変量
        順番に意味があり，比や差などの関係を持たない．
    - 名義変量（カテゴリ変量）
        値に意味がない．値の間の関係も全くない．

1.3　分布状態の定量的把握

　グラフによる分布の比較は主観的になることは否めない．そこで，分布を定量的に比較できれば都合がよい．データの中心とバラツキにより分布の定量的比較ができる．

　次に，この定量的比較のための代表的な統計量を示す．

＜分布の中心の指標＞

中央値　　データを昇順に並べたときの中央に位置する値

最頻値　　最も頻度の高い値

平均値　　変量 X のデータの総和をデータ数で割った値

$$m_X = \frac{1}{n}\sum_{i=1}^{n} x_i$$

＜データのバラツキの指標＞

範囲　　　最大値－最小値

4分位範囲　第3分位数－第1分位数

　　　　　　第3分位数…データを昇順に並べたときの4分の3に位置する値

　　　　　　第1分位数…4分の1に位置する値

分散　　　変量 X の各データと平均値の差の2乗の平均値

$$\sigma_X^2 = \frac{1}{n}\sum_{i=1}^{n}(x_i - m_X)^2$$

Note ③
1. 中央値は第2分位数にあたる．
2. 分散の平方根を**偏差**と呼ぶ．
3. データが母集団から抽出した標本であるならば，その平均値は**標本平均**，分散は**標本分散**，偏差は**標本標準偏差**と呼ぶ．

Excel 操作 ④：中心値とバラツキの計算

中心値（国語）を表示するセルに次の式を入力する．

```
中央値　　=median(b1:b20)
最頻値　　=mode(b1:b20)
平均値　　=average(b1:b20)
```

バラツキ（国語）を表示するセルに次の式を入力する．

範囲	=max(b1:b20)-min(b1:b20)
4分位範囲	=quartile(b1:b20,3)-quartile(b1:b20,1)
分散	=varp(b1:b20)

Note ④
1. 平均値や範囲は外れ値の影響を受けやすい．
2. 図 1.3 で示しているように，平均値，中央値，最頻値の大小関係から度数分布の形状がわかる．平均値=中央値=最頻値であれば，分布の形状は平均値を中心に左右対称となる．

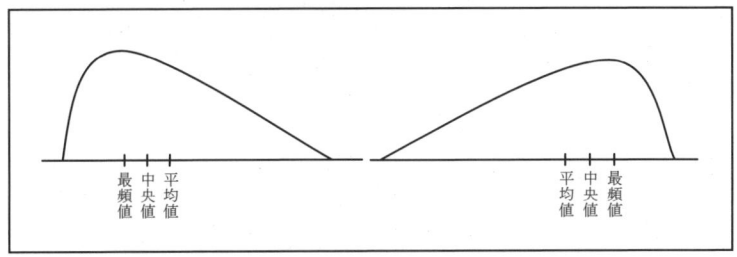

図 1.3　分布形状と平均値，中央値，最頻値の関係

1.4　Excel の分析ツールによる基本記述統計量

Excel の分析ツールには，1 変量の基本統計量を一度に計算する機能がある．

Excel 操作 ⑤：基本統計量の計算

手順1　「ツール」メニューをクリックする．
手順2　ドロップダウンメニューから「分析ツール」を選択する．ダイアログ「データ分析」が表示される．

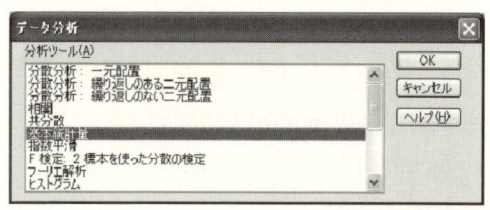

手順3 「基本統計量」を指定して、「OK」ボタンをクリックする．ダイアログ「基本統計量」が表示される．

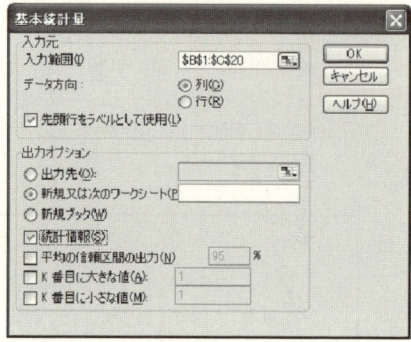

手順4 ワークシート「試験結果」の国語・数学の得点の範囲 b1:c20 を「入力範囲」に指定，「先頭行をラベルとして使用」と「統計情報」にチェックを入れ，「OK」ボタンをクリックする．「基本統計量」が新規シートに表示される．

	A	B	C	D
1	国語		数学	
2				
3	平均	39.26315789	平均	53.15789474
4	標準誤差	6.450369274	標準誤差	7.677438336
5	中央値 (メジ	35	中央値 (メジ	65
6	最頻値 (モー	20	最頻値 (モー	96
7	標準偏差	28.11650781	標準偏差	33.46517785
8	分散	790.5380117	分散	1119.918129
9	尖度	-0.27999387	尖度	-1.46705701
10	歪度	0.651473114	歪度	-0.22395704
11	範囲	96	範囲	94
12	最小	3	最小	4
13	最大	99	最大	98
14	合計	746	合計	1010
15	標本数	19	標本数	19

<基本統計量の各項目の解説>
・分散

次の**不偏分散**

$$s_X^2 = \frac{1}{n-1}\sum_{i=1}^{n}(x_i - m_X)^2$$

を計算している．ワークシート関数 var はこれを計算．

・標準偏差

不偏分散の平方根．ワークシート関数 stdev はこれを計算．

・標準誤差

データを母集団からの標本とみなした場合，標本の平均値は標本毎に変わる．その平均値のバラツキの指標．この指標は標本の平均値から母集団の平均値の推定する際の精度の尺度になる．推定の精度を示すという意味を込めてこの指標を**標準誤差（SE）**という．

・歪度

分布の偏りや歪の度合い（左右対称性の歪み）を示す指標．負ならば，負の方向に，正ならば正の方向に分布の裾野が長く偏る．正規分布の歪度は 0 である．

・尖度

分布の尖り具合を示す指標．正規分布は 3 なので，3 以上であれば正規分布に比べてより尖がり，3 以下であればより扁平な分布であるという．Excel では，3 を引いた値を尖度としている．国語の基本統計量から，歪度=0.651 と尖度=-0.279 なので，正規分布と比較して，正の方向に裾野が伸び，より扁平であることがわかる．これは，国語の度数分布からも観察できる．

Note ⑤
1. 多数回にわたり母集団から標本を抽出し，各標本の不偏分散を求め，その平均値を計算する．この回数を増やしていけば，標本サイズが少ない場合でも，標本分散はそうではないが，**不偏分散**の平均値は母集団の分散に近づく．これが不偏の由来である．
2. <Excel ワークシート関数>
   平均値　　　average(データ範囲)

中央値	median(データ範囲)	
最頻値	mode(データ範囲)	
最大・最小	max(データ範囲), min(データ範囲)	
不偏分散	var(データ範囲)	
標本分散	varp(データ範囲)	
不偏偏差	stdev(データ範囲)	
標本標準偏差	stdevp(データ範囲)	
標準スコア	standardize(x, 平均値, 標準偏差)	

3. 分散や平均値に隔たりがある2組の標本 X と Y, たとえば, 国語と数学の個々の得点を比較する場合, 各組の標本データを各々の不偏偏差と標本平均を使った,

$$Z_X = \frac{X - m_X}{s_X}$$

$$Z_Y = \frac{Y - m_Y}{s_Y}$$

により正規化して比較する. これを**標準スコア**という.

4. ＜データ比較のためのその他のスコア＞
 Tスコア $T_X = 10 Z_X + 50$
 %スコア   データの下からのパーセント位置. たとえば, 中央値データの%スコアは 50.
 標準年齢   データが属する年齢グループの平均値

第2章 標本調査

2.1 集団の代表的統計量

　理解しようとする対象の集団を母集団という．通常，母集団といえば，母集団に関連付けた観測値 $x_1, x_2, \cdots, x_n$ の集まりを指す．母集団を構成する観測値の分布がわかれば，統計学的に母集団を理解できたことになる．母集団の観測値の分布の全体がわからなくても，平均値や分散は分布の中心とバラツキに関する情報なので，これらを使って母集団の比較を定量的に行うことができる．

　母集団のサイズが大きい場合，母集団の全観測値を取得して，平均値や分散を得ることが，経済的・時間的にも不可能な場合が多い．そこで，一度の標本調査から母集団のこれらを推定することになる．

　平均値や分散は，その分布に関する情報だけでなく，
・平均値は母集団の決定的性質
・分散は母集団の不確定成分（多様性）の大きさ
に関連付けができる．

2.1.1 母平均と母分散

　データ A={10, 20, 10, 50, 70, 90, 30, 10, 20, 90} の平均値 m

$$m = \frac{1}{10}(10+20+10+50+70+90+30+10+20+90)$$

$$= 10 \times \frac{3}{10} + 20 \times \frac{2}{10} + 50 \times \frac{1}{10} + 70 \times \frac{1}{10} + 90 \times \frac{2}{10} + 30 \times \frac{1}{10}$$

が示すように，平均値は，データ A で発生しうる値 {10, 20, 50, 70, 90, 30} の各値に重み付けをした和である．この重みはデータ A において発生しうる値の確率なので，平均値はデータ A から導き出した確率を重みにした和ということになる．

データ A が母集団からの標本ならば，この確率を**経験確率**という．**大数の法則**によれば，標本のデータ数を増やせば，経験確率は母集団の確率に近づく．また，標本の取りうる値の集合は母集団で発生しうる値の集合になる．したがって，標本数を多くすれば，標本の平均値（**標本平均**）を母集団の平均値（**母平均**）の推定に使うことができる．

変数（変量）X が値 a をとる確率を P(X=a)，あるいは P_X(a) と表す．また，変数が明らかな場合には P(a) と書く．確率的に値をとる変数 X を**確率変数**と呼んでいる．確率変数 X が取りうる値（母集団で発生しうる値）とその値をとる確率をまとめたものが**確率分布**である．たとえば，データ A が母集団ならば，{10, 20, 50, 70, 90, 30}が確率変数の値であり，{3/10, 2/10, 1/10, 1/10, 2/10, 1/10}はその確率分布である．データ A が母集団からの標本ならば，**経験確率分布**である．

P(X) は確率変数 X の確率分布を表す**確率分布関数**である．また，確率変数 X の任意の値 x を使って，確率分布関数を P(x) と書く場合もある．変数（変量）X の値が連続値の場合（**無限母集団**）は，変数 X の単位あたりの確率分布，つまり，**確率密度分布**になる．この関数を p(X) あるいは p(x) と書く．

確率変数 X のとる値，つまり，母集団で取りうる値 $a_1, a_2, \cdots, a_\ell$ の確率を重みにした和

$$E[X] = \sum_{i=1}^{\ell} a_i P(a_i)$$

を，$a_1, a_2, \cdots, a_\ell$ を値にとる確率変数 X の確率分布 P(X) の**期待値**と呼んでいる．つまり，期待値は確率変数 X が取りうる値の平均値であり，**母集団の平均値（母平均）**になる．連続値をとる確率変数 X の場合には，その期待値は，積分を使って

$$E[X] = \int_A x p(x) dx$$

p(x) 　　確率密度分布関数

A　　母集団の領域

と表す.

　母集団の分散(**母分散**)に関しても,同様な手続きを経て確率を重みにした和

$$\mathrm{Var}[X]=\sum_{i=1}^{\ell}(a_i-E[X])^2 P(a_i)$$

で表すことができる.標本分散は母集団で発生しうる値とその確率を標本から得て求めたものであり,母分散の推定に使う.確率変数 X のとる値が連続値の場合には,積分を使って

$$\mathrm{Var}[X]=\int_A (x-E[X])^2 p(x)dx$$

と表す.

　無限回の標本調査を行って得る標本の平均値と分散の確率分布(母集団の確率分布)を理論的に導くことができれば,この分布を使って,一度の標本調査で得た標本の分散と平均値による母平均と母分散の推定への信頼度を統計的に測ることができる.

2.1.2　標本平均の性質

　中心極限定理によれば標本平均の統計的性質について次のことがいえる.

　統計的に独立な確率変数 $X_1, X_2, \cdots, X_n$ のとりうる値が期待値(母平均)μ_X,分散(母分散)σ_X^2 の母集団からの標本の値ならば,標本平均 $\overline{X}$

$$\overline{X}=\frac{X_1+X_2+\cdots+X_n}{n}$$

の確率密度分布は,n を増加させていけば,母集団の分布が何であれ,期待値 $E[\overline{X}]$ に μ_X,分散 $\mathrm{Var}[\overline{X}]$ に σ_X^2/n を持つ正規分布に近づく.したがって,標本平均について次のことがいえる.

・多数回にわたり標本の抽出を行って,標本平均の確率分布を推定する必要がない.

- 標本数 n を増加させていけば，標本平均のバラツキが 0，標本平均は母集団の期待値に近づく．
- 母集団の期待値 μ_X を標本平均 $\overline{X}$ により推定する精度は分散 σ_X^2/n により決まる．
- 分散の大きい母集団の母平均（期待値）の推定では，小さい母集団に比べて標本数を多くする必要がある．

Note ①

1. 標本平均が正規分布に従うことを，正規分布を表す表記 $N(\mu, \sigma_X^2/n)$ を使って

$$\overline{X} \sim N(\mu, \sigma_X^2/n)$$

と書く．正規分布 $N(\mu, \sigma_X^2)$ の確率密度関数は

$$p(X=x) = \frac{1}{\sqrt{2\pi}\sigma_X} e^{-(x-\mu)^2/2\sigma_X^2}$$

である．

2. 標本平均は $E[\overline{X}]=\mu$ なので，そのバラツキ，つまり，分散は母平均推定の精度の目安になる．この目安に，標本平均と同じ単位となる分散の平方根 $\sigma_X/\sqrt{n}$ を使う．つまり，これは標本平均の標準偏差であるが，標本毎の誤差を表しているという意味を込めて，標本平均の**標準誤差**という．これを，$SE_{\overline{X}}$ と書く．

3. **統計的独立**とは，各変数の取りうる値が他の変数のとりうる値に互いに影響を与えないことをいう．有限母集団の場合には，標本間の統計的独立を保つために，母集団に戻しながら抽出を行う**復元抽出**による標本になる．

4. 標本数 n を増加させていけば，標本平均のバラツキが 0，標本平均は母平均に近づく．これは，**大数の強法則**でいう確率 1 で母集団の母平均（期待値）に標本平均が収束する，

$$\lim_{n\to\infty} \overline{X} = \mu_X$$

に合致する．一方，「母平均 μ_X から大きく外れるような標本数 n の現れる確率が，n を無限にすると 0 に近づく」ことを**大数の弱法則**という．

5. サイズ N の有限母集団から抽出した n 個の標本の平均の分散は，標本を母集団に戻さない**非復元抽出**では

$$\mathrm{Var}(\overline{X}) = \frac{\sigma_X^2}{n} \frac{N-n}{N-1}$$

で与えられる．標本数が N≫n ならば，分散は σ_X^2/n で近似できるので，有限母集団から非復元抽出した標本も無限母集団からのものとみなしてもよいことになる．

2.2 正規母集団の統計的推定

2.2.1 母平均の区間推定

標本平均 $\overline{X}$ や不偏分散 s_X^2 を推定量とする**点推定**では，母平均や母分散にどの程度近いのかがわからない．そこで，区間(a, b)を指定して，この区間が母平均（あるいは，母分散）を含む確率でもって，推定の信頼率を述べることができる．これを**区間推定**という．

正規分布 $N(\mu_X, \sigma_X^2)$ に従う母集団からの標本の平均 $\overline{X}$ は正規分布 $N(\mu_X, \sigma_X^2/n)$ に従うことがわかっているので

$$\frac{\overline{X} - \mu_X}{\sqrt{\sigma_X^2/n}} \sim N(0,1)$$

を導くことができる．正規分布 $N(0,1)$ を**標準正規分布**と呼ぶ．母集団の σ_X^2 が未知ならば，母平均 μ_X の推定には母分散 σ_X^2 の代わりに不偏分散 s_X^2 を使わざるを得ない．その場合には，自由度 n-1 の t 分布

$$T = \frac{\overline{X} - \mu_X}{\sqrt{s_X^2/n}} \sim t(n-1)$$

になることがわかっている．n→∞ のとき，t 分布は標準正規分布 $N(0,1)$ に近づく．

t 分布は 0 を中心に左右対称なので，確率 1−α の区間を図 2.1 のように

$(-t_{\alpha/2}, t_{\alpha/2})$ とする．この区間境界点を使って

$$-t_{\alpha/2} \leq \frac{\overline{X}-\mu_X}{\sqrt{s_X^2/n}} \leq t_{\alpha/2}$$

とする．これから，母平均が確率 $1-\alpha$ で位置する範囲（**信頼区間**）

$$\overline{X}-t_{\alpha/2}\sqrt{s_X^2/n} \leq \mu_X \leq \overline{X}+t_{\alpha/2}\sqrt{s_X^2/n}$$

を導ける．$\sqrt{s_X^2/n}$ は標本平均の標準誤差 $\sqrt{\sigma_X^2/n}$ の推定量である．

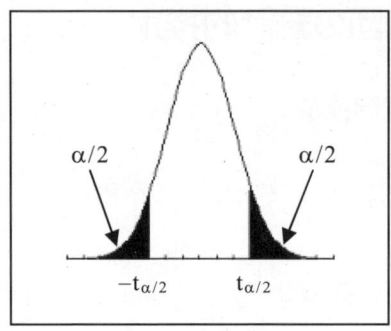

図 2.1　母平均の信頼区間

Note ②

1. t 分布での区間 $(-t_{\alpha/2}, t_{\alpha/2})$ の確率が 0.95 ならば

$(-t_{\alpha/2}, t_{\alpha/2})$	**95%信頼区間**
$1-\alpha$	**信頼度**
α	**危険率**
$-t_{\alpha/2}$	下側 $\alpha/2 \times 100\%$ 点
$+t_{\alpha/2}$	上側 $\alpha/2 \times 100\%$ 点
$\pm t_{\alpha/2}$	両側 $\alpha \times 100\%$ 点

    という．

2. 統計量を構成するいくつかの確率変数が自由に変化できる確率変数の個数を**自由度**

という．たとえば，$t(n-1)$ 分布では

$$(n-1)s_X^2 = (X_1 - \overline{X})^2 + (X_2 - \overline{X})^2 + \cdots + (X_n - \overline{X})^2$$

を構成する確率変数の間には

$$(X_1 - \overline{X}) + (X_2 - \overline{X}) + \cdots + (X_n - \overline{X}) = 0$$

が成り立つので，自由度が n-1 となる．

3. 95%の信頼区間とは，「n 個の標本を抽出する調査を 100 回行えば，95 回はその信頼区間が μ_X を含む」ことをいう．

4. 信頼区間から，危険率 α での推定誤差を $\pm\varepsilon$ 以下にできる標本数 n は

$$t_{\alpha/2}\sqrt{\frac{s_X^2}{n}} < \varepsilon \quad \rightarrow \quad n > \frac{t_{\alpha/2}^2 s_X^2}{\varepsilon^2}$$

にすればよい．母分散が既知ならば不偏分散 s_X^2 をこれに置き換える．未知ならば，経験値あるいは，悲観的な値を指定すれば，十分な精度を保証する標本数を決定できる．有限母集団の場合には，s_X^2 を

$$\frac{s_X^2}{n} \frac{N-n}{N-1}$$

に置き換えればよい．

5. $t(n-1)$ 分布の期待値と分散は

$$E[t(n-1)] = 0 \quad \mathrm{Var}(t(n-1)) = \frac{n-1}{n-3}$$

である．

6. 母集団の確率分布がわからなくても，期待値（母平均）μ_X，分散（母分散）σ_X^2 の母集団からの標本の標本数が多ければ，標本平均は

$$\frac{\overline{X} - \mu_X}{\sqrt{\sigma_X^2/n}} \sim N(0,1)$$

となることが中心極限定理によりわかる．これから，母集団の分散 σ_X^2 が既知であるならば，母平均を推定することができる．

Excel 操作 ①:累積確率

確率密度分布関数 p(X) の X=a までの**累積確率** P(X≤a) は

$$P(X \leq a) = \int_{-\infty}^{a} p(x)dx$$

であり

P(X≤a)+P(X>a)=1

P(b≤X≤a)=P(X≤a)−P(X≤b)

が成立する.

① 正規分布の累積確率

標準正規分布 $N(0,1)$ に従う確率変数 X の値が a までの累積確率は

P(X≤a) =normsdist(a)

また,指定した累積確率が p となる確率変数 X の値 a は

a=norsminv(p)

により計算できる.正規分布 $N(\mu,\sigma^2)$ に対しては

P(X≤a) =normdist(a, μ , σ^2, 1)

a=norminv(p, μ , σ^2)

で計算できる.図 2.2(a)〜(c)は,各分布領域に対する累積確率を計算する関数を示している.

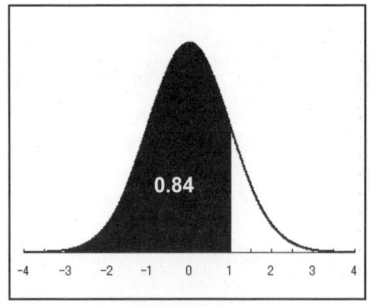

(a) P(X ≤1) =normsdist(1)

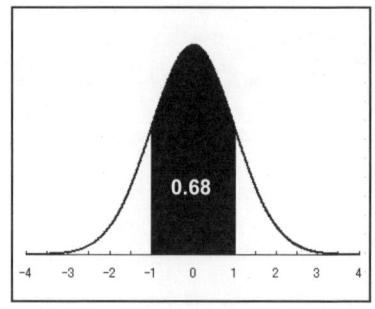

(b) P(−1≤ X ≤1) =normsdist(1)−normsdist(−1)

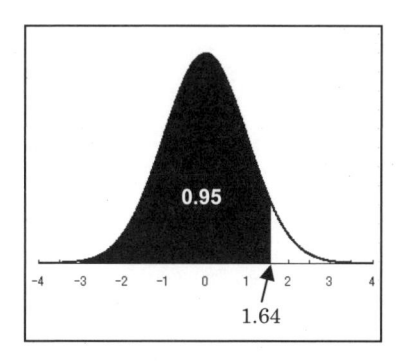

(c) 累積確率が 0.95 となる X の値 =normsinv(0.95)

図 2.2　正規分布の累積確率の計算

② 自由度 df の t 分布の累積確率

t 分布の累積確率は関数を使って次のように計算できる.

$P(X{\leq}a)=1-P(X{\geq}a)=1-\text{tdist}(a,df,1)$

$P(|X|{\geq}a)=\text{tdist}(a,df,2)$ が p となる a= tinv(p,df)

Excel 操作 ② : 母平均の区間推定

標本数 n=19, 標本の平均値=39.26, 不偏分散=790.5 から正規分布の期待値 μ_X の 95%信頼区間を求める. $P(|X|{\geq}t_{\alpha/2})=0.05$ の $t_{\alpha/2}$ は Excel のワークシート関数 tinv(0.05,18) の値 0.063587 なので, 信頼区間

$$(39.26-0.06359\sqrt{\frac{790.5}{19}},\ 39.26+0.06359\sqrt{\frac{790.5}{19}})=(38.85, 39.67)$$

を得る.

2.2.2　母分散の区間推定

正規分布 $N(\mu_X, \sigma_X^2)$ の母集団からの標本による不偏分散 s_X^2 と母分散 σ_X^2 の比の確率変数 χ_{n-1}^2

$$\chi^2_{n-1} = \frac{(n-1)s^2_X}{\sigma^2_X} \sim \chi^2(n-1)$$

は自由度 n-1 の χ^2 分布にしたがうことが知られている．

不偏分散 s^2_X を推定量とする点推定では，母集団の分散にどの程度近いのかがわからない．そこで，母平均の信頼区間と同様に，図 2.1 のように信頼度 $1-\alpha$ の区間 $(\chi^2_{1-\alpha/2}, \chi^2_{\alpha/2})$ を指定して推定を行う．この境界点を使って

$$\chi^2_{1-\alpha/2} \leq \frac{(n-1)s^2_X}{\sigma^2_X} \leq \chi^2_{\alpha/2}$$

とする．これから，母分散の範囲

$$\frac{(n-1)s^2_X}{\chi^2_{\alpha/2}} \leq \sigma^2_X \leq \frac{(n-1)s^2_X}{\chi^2_{1-\alpha/2}}$$

を導くことができる．図 2.3 は分散の信頼区間を示している．

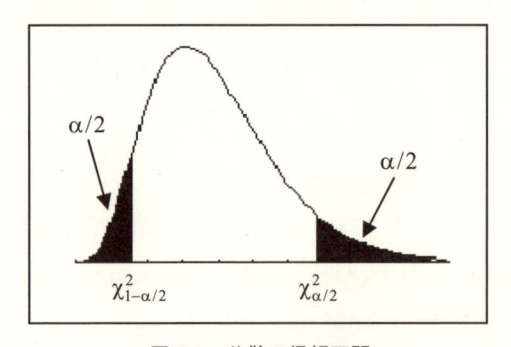

図 2.3　分散の信頼区間

Note ③

1. 自由度が無限大に近づくと χ^2 分布はゆっくりと正規分布に近づく．χ^2 分布の分散と期待値は

$$E[\chi^2_{n-1}] = n-1 \qquad Var(\chi^2_{n-1}) = 2(n-1)$$

である．図 2.4 は自由度 3, 5, 10 の χ^2 分布である．自由度が期待値となる様子が窺える．自由度の増加とともに，分布が右にシフトし，その形状が左右対称になる傾向を示

している.

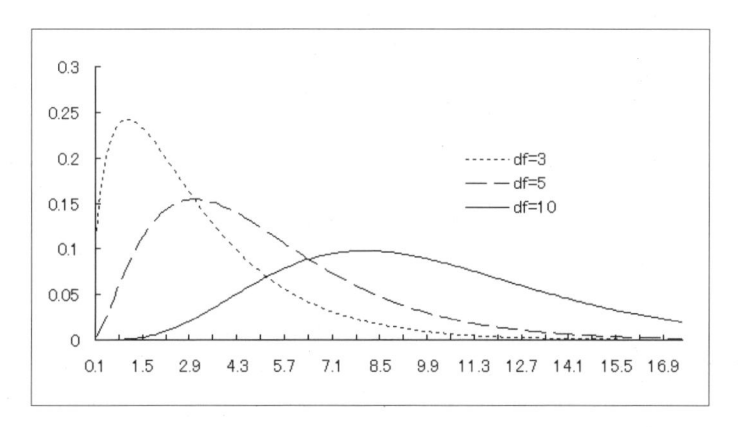

図 2.4 自由度 3,5,10 のカイ 2 乗分布

2. 不偏分散の分散と期待値は

$$\mathrm{Var}(\chi_{n-1}^2) = \frac{(n-1)^2}{\sigma_X^4}\mathrm{Var}(s_X^2) = 2(n-1) \to \mathrm{Var}(s_X^2) = \frac{2\sigma_X^4}{n-1}$$

$$\mathrm{E}[\chi_{n-1}^2] = \frac{n-1}{\sigma_X^2}\mathrm{E}[s_X^2] = n-1 \to \mathrm{E}[s_X^2] = \sigma_X^2$$

となる.**不偏分散の相対誤差は**

$$\frac{\sqrt{\mathrm{Var}(s_X^2)}}{\mathrm{E}[s_X^2]} = \frac{2}{n-1}$$

となるので,標本数に反比例で減少する.

3. $\mathrm{E}[s_X^2]=\sigma_X^2$ なので,母分散 σ_X^2 の推定量 s_X^2 を**不偏分散**という.s_X を**不偏偏差(標準偏差)**という.

Excel 操作 ③:母分散の区間推定

標本数 n=19, 標本の平均値=39.26, 不偏分散=790.5 から正規分布の母集団の母分散 σ_X^2 の 95%信頼区間を計算する.Excel のワークシート関数を使えば

$P(X > \chi_{\alpha/2}) = 0.025$　　　$\chi_{\alpha/2} = \text{chiinv}(0.025, 18) = 31.5$

$P(X > \chi_{1-\alpha/2}) = 1 - 0.025$　　$\chi_{1-\alpha/2} = \text{chiinv}(0.975, 18) = 8.23$

となるので，区間(8.23, 31.5)を得る．したがって，母分散 σ_X^2 の95%信頼区間は

$$\left(\frac{18 \times 790.5}{31.5}, \frac{18 \times 790.5}{8.23}\right) = (451.3, 1729)$$

となる．

2.3　正規母集団に関する検定

　仮説の妥当性を，観測値データをもとに統計的に検証することを**統計的検定**という．具体的には，**帰無仮説** H_0 と**対立仮説** H_1 の2つを立てる．検証したい仮説を対立仮説にし，これを否定する仮説を帰無仮説にする．統計的検定の基本は

- 帰無仮説を真と仮定したことの妥当性を，観測値データを使って否定することにより，対立仮説を受け入れる．

つまり

- 既知の考え方 H_0 を統計的に否定することにより，それに対立する新しい考え方 H_1 を受け入れる．

である．具体的には

- 真と仮定した H_0 と観測値データを値にとる確率変数から導いた確率変数 S の値を使って判断する．
- 確率変数 S の確率分布が既知であることが前提となる．

　たとえば，標本平均や不偏分散と適切に選ばれた帰無仮説の両者から構成した確率変数 S の確率分布を導くことができる．したがって，次のように統計的判断ができる．確率変数 S の値 s (つまり，帰無仮説と標本平均や不偏分散から求めた値) が確率分布の低い領域に位置すれば，確率変数 S の構成要素である標本平均や不偏分散の値は事実なので，他方の構成要素である帰無仮説を否定 (**帰無仮説の棄却**) することになり，対立仮説を受け入れる (**対立仮説の採択**)．図2.5は統計量 S と帰無仮説の採択と棄却の関係を示している．

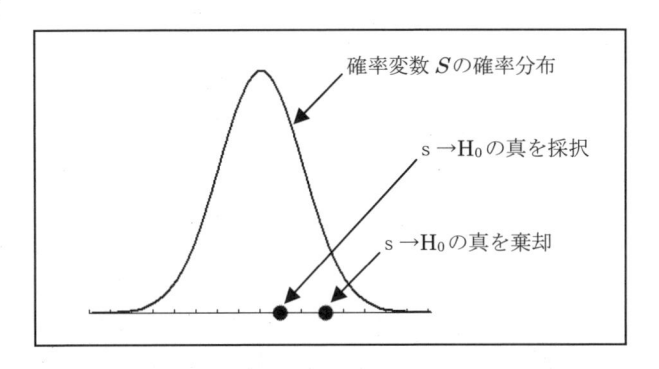

図 2.5 統計量 S と帰無仮説の採択と棄却の関係

2.3.1 平均値の検定

正規分布の母集団からの標本数 n の標本平均 $\overline{X}$ から，この母集団の期待値が μ_0 ではないことを検証する．帰無仮説と対立仮説は次のようになる．

H_0：$\mu_X = \mu_0$

H_1：$\mu_X \neq \mu_0$

帰無仮説を真と仮定したならば，次の確率変数 Z や t の確率分布は

既知の母分散：$Z = \dfrac{\overline{X} - \mu_0}{\sigma_X / \sqrt{n}} \sim N(0,1)$

未知の母分散：$T = \dfrac{\overline{X} - \mu_0}{s_X / \sqrt{n}} \sim t(n-1)$

となる．ここで重要なのは，帰無仮設を真とすることで，確率変数 Z や T の確率分布を導けたことである．

ここで，母分散が未知の場合の平均値の検定を考える．標本の平均値と標準偏差の値を $\overline{X}$ と s_X に代入して，確率変数 T の値 t を得る．これを t 値と呼んでいる．この値 t が $t(n-1)$ 分布のどこに位置するかにより検定を行う．値 t が両側 100%α 点の区間外

$t < -t_{\alpha/2}$　あるいは　$t_{\alpha/2} < t$

に位置するならば，帰無仮説 H_0 の確率が低いという理由によりこれを棄却する．

このとき，**有意水準** 100α で帰無仮説 H_0 を棄却するという．この検定を**両側検定**という．図2.6は，帰無仮説の両側検定における**棄却域**と**採択域**を示している．

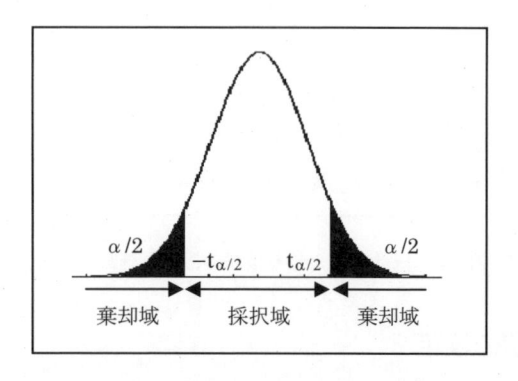

図 2.6　両側検定での棄却域と採択域

帰無仮説と対立仮説が次のようになる場合も考えられる．
・μ_0 と比較して大きいことの検証
　　$H_0 : \mu_X = \mu_0$
　　$H_1 : \mu_X > \mu_0$
・μ_0 と比較して小さいことの検証
　　$H_0 : \mu_X = \mu_0$
　　$H_1 : \mu_X < \mu_0$
帰無仮説 H_0 の棄却は，それぞれ
　　$t_\alpha < t$
　　$t < -t_\alpha$
の場合に有意水準 100α で棄却となる．これらの検定を**片側検定**という．図2.7で片側検定の各領域を示す．

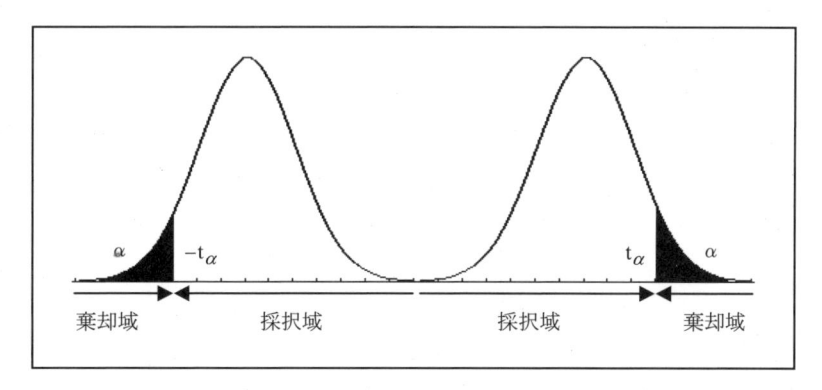

図2.7 片側検定での棄却域と採択域

Note ④

1. 片側検定は，$\mu>\mu_0$ あるいは $\mu<\mu_0$ が期待される場合においてのみ行う．
2. 通常，$\alpha=0.05$ を採用する．これは，100回の標本調査による検定を行えば，5回は誤って帰無仮説 H_0 を棄却する確率にあたる．
3. 帰無仮説 $\mu_X=\mu_0$ が棄却になれば，通常，母平均の推定を行うことになる．
4. 帰無仮説のもとで得た検定統計量の実現値よりも極端な統計量が実現する確率を**有意確率（p値）**と呼んでいる．前もって定めた有意水準 α より有意確率が小さい場合には帰無仮説を棄却し，大きい場合には帰無仮説を採択する．

平均値の検定の有意確率は次のように計算する．

両側検定： p値$=2P(T>t)$

片側検定 対立仮説 $\mu_X<\mu_0$ ： p値$=P(T<t)$

対立仮説 $\mu_X>\mu_0$ ： p値$=P(T>t)$

Excel 操作 ④：平均値の両側検定

正規分布の母集団からの標本数 100 の標本平均が 72，不偏偏差 7.8 であった．母平均が 70 であることを，有意水準 5% で両側検定する．

母集団の母標準偏差は未知なので，その推定量 7.8 を検定統計量に使う．t値は，

$$T=\frac{\overline{X}-\mu_0}{s_X/\sqrt{n}}=\frac{72-70}{7.8/\sqrt{100}}=2.5641$$

である．次の式を各セルに入力する．

```
セル b5   =(b2-b4)/(b3/sqrt(b1))
セル b6   = tinv(0.05,b1-1)
セル b7   =tdist(abs(b5),b1-1,2)
```

t 値が両側 5%点を越えている（有意確率 <0.05）ので母平均 70 の棄却となる．

	A	B
1	標本数n	100
2	平均値	72
3	標本標準偏差s	7.8
4	仮説母平均値μ_0	70
5	t値	2.564
6	両側5%点	1.984
7	有意確率	0.012

2.3.2 分散の検定

正規分布の母集団からの標本数 n の標本による不偏分散 s_X^2 から，この母集団の分散が σ_0^2 ではないことを検証する．帰無仮説は次のようになる．

$H_0 : \sigma_X^2 = \sigma_0^2$

不偏分散 s_X^2 と帰無仮説を真としたときの母分散 σ_0^2 の比の確率変数 χ_{n-1}^2

$$\chi_{n-1}^2 = \frac{(n-1)s_X^2}{\sigma_0^2} \sim \chi^2(n-1)$$

は自由度 n-1 の χ^2 分布にしたがう．帰無仮説と標本から計算した確率変数 χ_{n-1}^2 の実現値（χ^2 値）がこの分布のどの辺りに位置するかで検定をする．対立仮説は，

・両側検定（標本の母分散が σ_0^2 に等しくないことを検証）

　　対立仮説 $H_1 : \sigma_X^2 \neq \sigma_0^2$

棄却域： $\chi^2_{n-1} < \chi^2_{1-\alpha/2}$ あるいは $\chi^2_{n-1} > \chi^2_{\alpha/2}$

・片側検定（標本の母分散が σ_0^2 に比較して大きいことを検証）

対立仮説 H_1 : $\sigma_X^2 > \sigma_0^2$

棄却域： $\chi^2_{n-1} > \chi^2_\alpha$

・片側検定（標本の母分散が σ_0^2 に比較して小さいことを検証）

対立仮説 H_1 : $\sigma_X^2 < \sigma_0^2$

棄却域： $\chi^2_{n-1} < \chi^2_{1-\alpha}$

となる．各検定の棄却域を図 2.8 (a), (b) に示す．

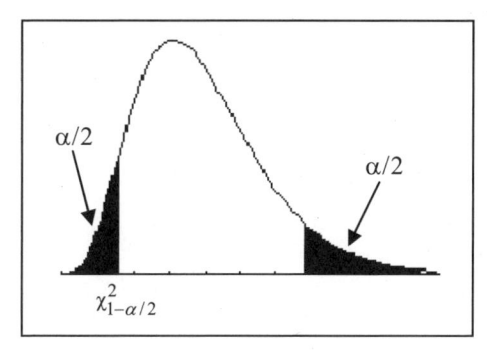

(a) 両側検定

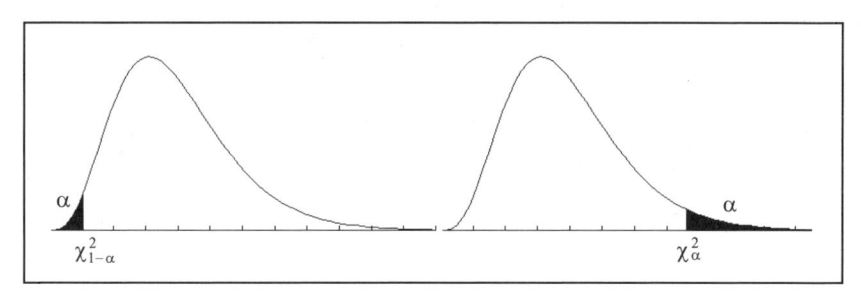

(b) 片側検定

図 2.8 カイ 2 乗検定の棄却域

Excel 操作 ⑤：分散の検定

たとえば，生徒数 60 人の試験の得点 X の不偏分散の値が 500 であったとする．授業の質の観点から，得点の分散を 700 以下にすることが求められている．授業の質の検定を行う．

生徒数 60 人の試験の分散が，700 以下であるかを知りたいのだから，片側検定になる．

帰無仮説 H_0 : $\sigma_X^2 = 700$

対立仮説 H_1 : $\sigma_X^2 < 700$

帰無仮説 $\sigma_X^2 = 700$ と不偏分散 $s_X^2 = 500$ から確率変数 χ_{n-1}^2 の実現値は

$$\chi^2 = \frac{(n-1)s_X^2}{\sigma_0^2} = \frac{59*500}{700} = 42.1$$

となる．有意水準を 5% にして，ワークシート関数 chiinv 関数を使えば，下側 5% 点

$$\chi_{1-\alpha}^2 = \text{chiinv}(0.95, 59) = 42.3$$

を得る．42.1 ＜ 42.3 なので，帰無仮説を棄却する．分散が 700 以下であったことは偶然ではなく，目標を達成できたといえる．

χ^2 と $\chi_{1-\alpha}^2$ の値が非常に近いので，念のために，確率変数 χ_{n-1}^2 の実現値 42.1 以下の確率を求めるならば

$$p(\chi_{n-1}^2 < 42.1) = 1 - \text{chidist}(42.1, 59) = 0.047$$

となる．下側 5% 点 $\chi_{1-\alpha}^2$ に非常に近く，かろうじて有意水準 5% で棄却されていたことがわかる．したがって，確信をもって，目標を達成できているとはいいがたい．

Note ⑤
1. 分散の検定での有意確率は次のように計算する.

   両側検定：p値$=2\min(p(\chi^2_{n-1}<\chi^2),p(\chi^2_{n-1}>\chi^2))$
   片側検定：対立仮説 $\sigma^2_X<\sigma^2_0$: p値$=p(\chi^2_{n-1}<\chi^2)$
   　　　　　対立仮説 $\sigma^2_X>\sigma^2_0$: p値$=p(\chi^2_{n-1}>\chi^2)$

2. 母分散が帰無仮説の σ^2_0 ではなく σ^2_1 ならば，検定統計量の実現値 χ^2 は

$$\chi^2=\sigma^2_1\sigma^{-2}_1\chi^2=\frac{\sigma^2_1}{\sigma^2_0}\frac{(n-1)s^2_X}{\sigma^2_1}=\frac{\sigma^2_1}{\sigma^2_0}\chi^2_{n-1}$$

と書けるので，$\sigma^2_1<\sigma^2_0$ ならば検定統計量の実現値はカイ2乗変量 χ^2_{n-1} よりも小さくなる. また，$\sigma^2_1>\sigma^2_0$ ならば大きくなる. これから，片側検定の棄却域が，それぞれ，$\chi^2_{n-1}<\chi^2_{1-\alpha}$ や $\chi^2_{n-1}>\chi^2_\alpha$ になることがわかる.

2.4 正規母集団の比較

2.4.1 平均値の差の検定

たとえば，2つのクラスの試験の得点の平均値と分散がそれぞれ(90, 10)や(80, 20)の場合において，平均の差が偶然なのかを知りたい場合がある.

互いに統計的に独立な正規分布 $N(\mu_i, \sigma^2_i)$ に従う確率変数 X_i, i=1,2,…,n の和 $\sum^n_{i=1}a_iX_i$ の確率分布は，分散と期待値の性質から導くことができる正規分布,

$$N(\sum^n_{i=1}a_i\mu_i, \sum^n_{i=1}a^2_i\sigma^2_i)$$

に従う. これから，2つの母集団からの標本の標本数がそれぞれ n と m の2つの標本平均

$$\overline{X}\sim N(\mu_X, \sigma^2_X/n)$$

$$\overline{Y}\sim N(\mu_Y, \sigma^2_Y/m)$$

の差 $\overline{X}-\overline{Y}$ の確率分布は

$$\overline{X}-\overline{Y} \sim N(\mu_X-\mu_Y, \frac{\sigma_X^2}{n}+\frac{\sigma_Y^2}{m})$$

に従うことがわかる．これから，確率変数 Z の分布

$$Z=\frac{\overline{X}-\overline{Y}-(\mu_X-\mu_Y)}{\sqrt{\frac{\sigma_X^2}{n}+\frac{\sigma_Y^2}{m}}} \sim N(0,1)$$

を導くことができる．この確率変数を検定に使う．

Note ⑥

1. 確率変数 X_i, i=1,2,…,n を互いに統計的独立とする．確率変数の和 $\sum_{i=1}^{n} aX_i$ の期待値と分散は，

    $E[\sum_{i=1}^{n} aX_i] = \sum_{i=1}^{n} a_i E[X_i]$

    $Var[\sum_{i=1}^{n} aX_i] = \sum_{i=1}^{n} a_i^2 Var(X_i)$

    となる．

---

(1) 等分散を仮定できる場合（$\sigma_X^2=\sigma_Y^2=\sigma^2$）

検定に使う確率変数の確率分布は

分散が既知： $Z=\dfrac{\overline{X}-\overline{Y}-(\mu_X-\mu_Y)}{\sigma\sqrt{\dfrac{1}{n}+\dfrac{1}{m}}} \sim N(0,1)$

分散が未知： $T=\dfrac{\overline{X}-\overline{Y}-(\mu_X-\mu_Y)}{s\sqrt{\dfrac{1}{n}+\dfrac{1}{m}}} \sim t(n+m-2)$

$$s^2=\frac{(n-1)s_X^2+(m-1)s_Y^2}{n+m-2}$$

となる．

2つの母平均が等しいかどうかの検定の帰無仮説 H_0 は

$H_0: \mu_X=\mu_Y$

であり,「帰無仮説が真である」と標本平均から構成した確率変数 Z あるいは T の実現値 z や t (t値) が確率分布の何処に位置するかにより帰無仮説の棄却・採択を決める.

母分散が既知でない場合の検証したい対立仮説 H_1 は

・両側検定(2標本の母平均が等しくないことを検証)
　　　対立仮説 H_1: $\mu_X \neq \mu_Y$
　　　棄却域:　　　$t < -t_{\alpha/2}$ あるいは $t > t_{\alpha/2}$

・片側検定(Xの母平均が大きいことを検証)
　　　対立仮説 H_1: $\mu_X > \mu_Y$
　　　棄却域:　　　$t > t_\alpha$

・片側検定(Xの母平均が小さいことを検証)
　　　対立仮説 H_1: $\mu_X < \mu_Y$
　　　棄却域:　　　$t < -t_\alpha$

である.

母分散が既知の場合の棄却域は,標準正規分布 $N(0, 1)$ から両側 $100\%\alpha$ 点 $(-z_{\alpha/2}, z_{\alpha/2})$,上側 $100\%\alpha$ 点 z_α,下側 $100\%\alpha$ 点 $-z_\alpha$ を求めることになる.

Note ⑦

1. 等分散の確信がなければ,等分散の検定を行う必要がある.
2. 帰無仮説 H_0 を

    $\mu_X = \mu_Y + a$

    とするならば,両側・片側検定の対立仮説は,それぞれ,

    $\mu_X \neq \mu_Y + a$, $\mu_X < \mu_Y + a$, $\mu_X > \mu_Y + a$

    となる.
3. 平均値の差の検定での有意確率は次のように計算する.
    両側検定:p値 $= 2P(T > |t|)$
    片側検定:p値 $= P(T > |t|)$

Excel 操作 ⑥:平均値の差の検定

下表は,2種類の工作機械 X, Y で製造した円盤の直径を検査した結果である.2つの工作機械は製造した円盤の直径のバラツキが等しいことが理由で導入した.2つの工作機械が製造した円盤の直径の平均値の差があるかを両側検定する.

手順1 セルに式を入力する.

セル e2	=average(a2:a11)
セル f2	=average(b2:b12)
セル e3	=var(a2:a11)
セル f3	=var(b2:b12)
セル e10	=(e5*e3+f3*f5)/e8
	($s^2 = \dfrac{(n-1)s_X^2+(m-1)s_Y^2}{n+m-2}$ に相当する式)
セル e11	=(e2-f2-e7)/(sqrt(e10)*sqrt(1/e4+1/f4))
	($T = \dfrac{\overline{X}-\overline{Y}-(\mu_X-\mu_Y)}{s\sqrt{1/n+1/m}}$ に相当する式)
セル e12	=-tinv(0.05,e8)
セル f12	=tinv(0.05,e8)

	A	B	C	D	E	F
1	X	Y			X	Y
2	22.5	15.9		平均値	25.61	21.65
3	22.8	17.6		不偏分散	9.80989	19.75
4	28	21.9		観測数	10	11
5	31	26.2		自由度	9	10
6	24.9	18				
7	24.4	15.8		帰無仮説 $\mu_X-\mu_Y$	0	
8	30.2	27.8		自由度n+m-2	19	
9	23.3	25.9		危険率α	0.05	
10	22.9	26.5		不偏分散 s^2	15.044	
11	26.1	21.1		t値	2.33937	
12		21.4		両側5%点	(-2.093	2.093)

t 値 2.3394 が両側 5%点(-2.093, 2.093)の区間内なので，帰無仮説の棄却ができず，平均値の差は偶然の範囲内であり，標本 Y と比較して標本 X の平均値が高いとは断定できない．

(2) **等分散を仮定できない場合** （$\sigma_X^2 \neq \sigma_Y^2$）

検定に使う確率変数の確率分布は

分散が既知：$Z = \dfrac{\overline{X} - \overline{Y} - (\mu_X - \mu_Y)}{\sqrt{\dfrac{\sigma_X^2}{n} + \dfrac{\sigma_Y^2}{m}}} \sim N(0, 1)$

分散が未知：$T = \dfrac{\overline{X} - \overline{Y} - (\mu_X - \mu_Y)}{\sqrt{\dfrac{s_X^2}{n} + \dfrac{s_Y^2}{m}}} \sim t(\mathrm{df})$

自由度 $\mathrm{df} = \dfrac{(s_X^2/n + s_Y^2/m)^2}{\dfrac{(s_X^2/n)^2}{n-1} + \dfrac{(s_Y^2/m)^2}{m-1}}$ に最も近い整数

となる．自由度 df は Welch による近似である．

Excel 操作 ⑦：分析ツールによる平均値の差の検定

次表（手順 4 の表）は，「Excel 操作⑥」と同じデータで，2 種類の工作機械 X, Y で製造した円盤の直径を検査した結果である．2 つの工作機械が製造した円盤の直径の平均値の差があるかを検定する．2 つの工作機械は製造した円盤の直径の分散が等しくないとして両側検定を行う．

Excel のワークシート関数ではなく分析ツールを使って検定を行う．

|手順1| 「ツール」メニューをクリックする．
|手順2| ドロップダウンメニューから「分析ツール」を選択する．ダイアログ「データ分析」が表示される．
|手順3| 「t 検定：分散が等しくないと仮定した 2 標本による検定」を指定して，「OK」ボタンをクリックする．ダイアログ「t 検定：分散が等しくないと仮定した 2 標本による検定」が表示される．

手順4 次の指定を行う．

変数1の入力範囲	a1:a11,
変数2の入力範囲	b1:b12,
2標本の平均値の差	0
ラベル	チェック
出力先	d1

「OK」ボタンをクリックすると，標本のあるワークシートに結果が表示される．

	A	B	C	D	E	F	G
1	X	Y		t-検定：分散が等しくないと仮定した2標本による検定			
2	22.5	15.9					
3	22.8	17.6			X	Y	
4	28	21.9		平均	25.61	21.6455	
5	31	26.2		分散	9.80989	19.7547	
6	24.9	18		観測数	10	11	
7	24.4	15.8		仮説平均との差異	0		
8	30.2	27.8		自由度	18		
9	23.3	25.9		t	2.37911		
10	22.9	26.5		P(T<=t) 片側	0.01431		
11	26.1	21.1		t 境界値 片側	1.73406		
12		21.4		P(T<=t) 両側	0.02863		
13				t 境界値 両側	2.10092		

t値2.379が両側5%点（−2.101, 2.101）の区間外なので，帰無仮説の

棄却となる．有意確率 P(T>2.379)=tdist(2.379,18,1)=0.01432 なので，有意水準 5%より低い．確信を持って，平均値の差は偶然ではなく，有意な差があるといえる．

Note ⑧

1. 「分析ツール」には，その他，平均値の差の検定に関して，

    t 検定：一対の標本による平均の検定

    t 検定：等分散を仮定した 2 標本による検定

    z 検定：2 標本による平均の検定

がある．

「2 標本による平均の検定」は母分散が既知の場合の平均値の差の検定，「一対の標本による平均の検定」は対で観測されるデータの平均値の差の検定を行う．一対の標本による検定に使う統計量の確率分布は

$$\text{分散が既知}: Z = \frac{\overline{X} - \overline{Y} - (\mu_X - \mu_Y)}{\sqrt{\frac{\sigma^2_{X-Y}}{n}}} \sim N(0,1)$$

$$\text{分散が未知}: T = \frac{\overline{X} - \overline{Y} - (\mu_X - \mu_Y)}{\sqrt{\frac{s^2}{n}}} \sim t(n-1)$$

$$s^2 = \frac{\sum_{i=1}^{n}(X_i - Y_i - (\overline{X} - \overline{Y}))^2}{n-1}$$

となる．一対の標本の関連性は相関係数からも検証できる．「一対の標本」とは同一対象に関する 2 種類のデータをいう．

2.4.2 等分散の検定

2 つの標本の不偏分散を s^2_X と s^2_Y とする．それぞれの標本の母集団の分散と期待値を

s^2_X ：　　期待値 μ_X　分散 σ^2_X （標本数 n の母集団）

s_Y^2 :　　　期待値 μ_Y　分散 σ_Y^2　（標本数 m の母集団）

とする．母分散と不偏分散の比からなる確率変数の確率分布は

$$\chi_{n-1}^2 = \frac{(n-1)s_X^2}{\sigma_X^2} \sim \chi^2(n-1)$$

$$\chi_{m-1}^2 = \frac{(m-1)s_Y^2}{\sigma_Y^2} \sim \chi^2(m-1)$$

である．この2つの確率変数 χ_{n-1}^2 と χ_{m-1}^2 の比からなる確率変数 F は自由度(n-1, m-1) の F 分布

$$F = \frac{\chi_{n-1}^2/(n-1)}{\chi_{m-1}^2/(m-1)} = \frac{s_X^2/s_Y^2}{\sigma_X^2/\sigma_Y^2} \sim F(n-1, m-1)$$

に従うことがわかっている．

　この F 分布と帰無仮説 H_0

$$\sigma_X^2 = \sigma_Y^2$$

から，検定に使う確率変数 F の確率分布

$$F = s_X^2/s_Y^2 \sim F(n-1, m-1)$$

を得る．不偏分散の値を代入して得た確率変数 F の値(**f 値**)が自由度(n-1, m-1) の F 分布のどの辺りに位置するかで検定を行う．

　検証したい対立仮説 H_1 は，自由度（n-1, m-1）の F 分布の両側 $100\%\alpha$ 点 $(f_{1-\alpha/2}, f_{\alpha/2})$，上側 $100\%\alpha$ 点 f_α，下側 $100\%\alpha$ 点 $f_{1-\alpha}$ を使って

・両側検定
　　　対立仮説 H_1：$\sigma_X^2 \neq \sigma_Y^2$
　　　棄却域：　　　$f < f_{1-\alpha/2}$　あるいは　$f > f_{\alpha/2}$
・片側検定
　　　対立仮説 H_1：$\sigma_X^2 > \sigma_Y^2$
　　　棄却域：　　　$f > f_\alpha$
・片側検定
　　　対立仮説 H_1：$\sigma_X^2 < \sigma_Y^2$

棄却域 : $f < f_{1-\alpha}$

となる．

Note ⑨

1. 等分散の検定での有意確率は次のように計算する．

    両側検定： p値=$2\min(p(F<f), p(F>f))$

    片側検定：対立仮説 $\sigma_X^2 < \sigma_Y^2$ ： p値=$p(F<f)$

    　　　　　対立仮説 $\sigma_X^2 > \sigma_Y^2$ ： p値=$p(F>f)$

2. 標本の母集団の関係が対立仮説の主張する $\sigma_X^2 > \sigma_Y^2$ ならば，帰無仮説のもとでの検定統計量の実現値は

$$f = \frac{\sigma_X^2}{\sigma_Y^2} \left(\frac{\sigma_X^2}{\sigma_Y^2} \right)^{-1} \frac{s_X^2/s_Y^2}{1} = \frac{\sigma_X^2}{\sigma_Y^2} \frac{s_X^2/s_Y^2}{\sigma_X^2/\sigma_Y^2} = \frac{\sigma_X^2}{\sigma_Y^2} F$$

と書けるので，自由度(n-1,m-1)の F 分布の変量よりも大きくなる．また，$\sigma_X^2 < \sigma_Y^2$ ならば小さくなる．これから，片側検定の棄却域が $f>f_\alpha$ や $f<f_{1-\alpha}$ になることがわかる．

Excel 操作 ⑧ : 等分散の検定

次の表は，「Excel 操作 ⑥」と同じデータで，2種類の工作機械 X, Y で製造した円盤の直径を検査した結果である．2つの工作機械で製造した円盤の直径の分散が等しいことを検定する．「分析ツール」の「F検定:2標本を使った分散の検定」は片側検定なので，ワークシート関数を使って両側検定する．

手順1 各セルに次の式を入力する．

```
セル e2    =var(a2:a11)
セル f2    =var(b2:b13)
セル e5    =count(a2:a11)-1
セル f5    =count(b2:b12)-1
セル e7    =e2/f2
```

```
セル e8    =2*min(fdist(e7,e5,f5),1-fdist(e7,e5,f5))
セル e9    =finv(0.975,e5,f5)
セル e10   =finv(0.025,e5,f5)
```

	A	B	C	D	E	F
1	X	Y			X	Y
2	22.5	15.9		不偏分散	9.81	19.8
3	22.8	17.6				
4	28	21.9				
5	31	26.2		自由度n,m	9	10
6	24.9	18		危険率α	0.05	
7	24.4	15.8		f値	0.497	
8	30.2	27.8		P(F)=f)	0.307	
9	23.3	25.9		下側2.5%点	0.252	
10	22.9	26.5		上側2.5%点	3.779	
11	26.1	21.1				
12		21.4				

f値 0.497 が両側 5%点（0.252, 3.779）の区間内，あるいは，有意確率 0.307>0.05 からも，帰無仮説（=分散が等しい）の棄却ができない．したがって，2 標本の間の分散が等しくないのは偶然であり，等分散を前提とした平均値の差の検定が行える．

2.5 正規性の検定

2.2, 2.3, 2.4 節の推定や検定手法は母集団が正規分布であることが前提となっているので，これらの推定や検定を適用するには，まず，標本の母集団が正規分布であることを確認しなくてはならない．

数値的な方法として，データ数が多い場合の Kolmogorov-Smirnov や少ない場合の Shapiro-Wilk の正規性の検定がある．また，ワークシート関数 skew や kurt により計算できる歪度や尖度により正規性を調べることができる．ここでは，視覚的な手法による正規性の検定について説明する．

正規性を調べる視覚的な手法には，データ数が多ければヒストグラムを，少なければ正規確率プロットがある．正規確率プロットによる正規性の調査は，同一

確率分布からの標本の累積確率分布は一致することを利用している.

Excel 操作 ⑨：正規確率プロットによる正規性の検定

ここでは，「Excel 操作 ⑥：平均値の差の検定」の標本 X の正規性を調べる.

|手順1| セル範囲 b2:b11 を範囲選択して，メニュー「データ」の「並べ替え」を選択する．ダイアログ「並べ替えの前に」が表示される．「現在選択されている範囲を並べ替える」を選択して，ボタン「並べ替え」をクリックする．

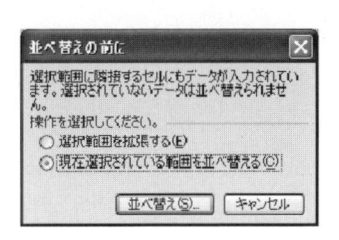

	A	B	C	D
1	順位	X	累積確率	正規分布座標値
2	1	22.5	0.09091	-1.335177736
3	2	22.8	0.18182	-0.908457869
4	3	22.9	0.27273	-0.604585347
5	4	23.3	0.36364	-0.348755696
6	5	24.4	0.45455	-0.114185294
7	6	24.9	0.54545	0.114185294
8	7	26.1	0.63636	0.348755696
9	8	28	0.72727	0.604585347
10	9	30.2	0.81818	0.908457869
11	10	31	0.90909	1.335177736

|手順2| セル c2 に標本の累積確率 $p_i=i/(n+1)$ を求める式

=a2/(count(b2:b11)+1)

を入力する．

|手順3| オートフィル機能を使って，セル c2 の式をセル範囲 c3:c11 にコピーする．

|手順4| セル d2 に，累積確率 p_i に対応した標準正規分布のパーセント点を求めるワークシート関数

=normsinv(c2)

を入力する．

|手順5| オートフィル機能を使って，セル d2 の式をセル範囲 d3:d11 にコピーする．

|手順6| b 列の標本とそれに対応した d 列の標準正規分布の％点の間の散布図を作成する．

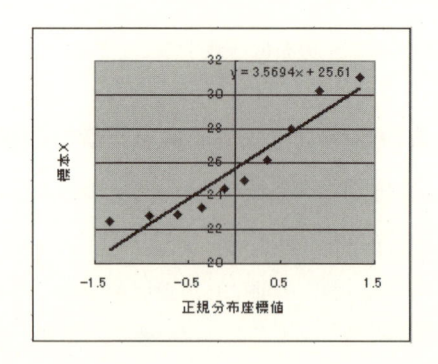

[図: 標本Xの正規確率プロット、回帰直線 y = 3.5694x + 25.61]

直線に沿っているとはいえないので，標本 X は正規分布と断定できない．近似曲線（第 3 章の「Excel 操作 ②」を参照）の係数から，近似値ではあるが，

  母平均　　　　　　25.61
  母集団の標準偏差　3.57

を得る．

同様な手続きで得た「Excel 操作 ⑥：平均値の差の検定」の標本 Y の正規確率プロット（下図）も，直線に沿っていないので，正規分布とはいいがたい．

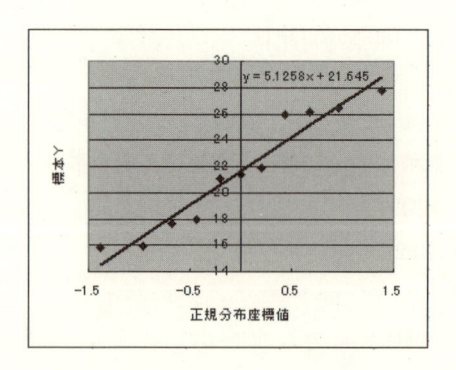

[図: 標本Yの正規確率プロット、回帰直線 y = 5.1258x + 21.645]

手順 1, 2, 3 の代わりに「分析ツール」の「順位と百分位数」を使うことができるが，手順 4 でのワークシート関数 normsinv による標準正規分布の 0 と 100％点の計算でエラーとなる．百分位数の計算を手順 2 に沿って変

更する必要がある．

Note ⑩ 量的変量（比変量や間隔変量）の母平均の比較に関する検定を下表にまとめる．

対応性	正規性	等分散	検定
○	○		対応のある t 検定
○	×		Wilcoxon の符号付き順位和検定
×	○	○	t 検定
×	○	×	Welch の t 検定
×	×		Wilcoxon の符号付き順位和検定

第3章 相関係数と回帰分析

3.1 散布図

　ある変量の動きから，他の変量の動きが推定できるとき，つまり，変量間の大小の傾向に関する類似性があるとき，2変量間に**相関**があるという．相関は因果関係をつかむ手がかりとなる．しかし，相関があったとしても，因果関係があるとは必ずしもいえない．たとえば，自動車の左右の車輪の回転速度の間では，互いに他の回転速度の高低に関する類似性をみつけることができるが，右あるいは左の車輪が他の車輪の回転の原因ではない．単に，その傾向に類似性があるだけである．

　定量的ではないが，**散布図**は，2つの変量間の値の大小の傾向に関する類似性や，それから類推する因果関係の調査に使用できる．

Excel 操作 ①：散布図の作成

　国語と数学の散布図を作成して，両者の得点の間の関連性を調査する．

手順1 得点表のセル b2:c20 を範囲選択する．

手順2 「グラフウィザード」ボタン ![icon] をクリックする．ダイアログ「グラフウィザード-1/4-グラフの種類」が表示される．「散布図」を選択して，「次へ」

	A	B	C
1	名前	国語	数学
2	A	99	96
3	B	47	74
4	C	45	55
5	D	84	90
6	E	20	13
7	F	9	67
8	G	24	55
9	H	20	7
10	I	43	6
11	J	33	96
12	K	81	65
13	L	48	66
14	M	7	98
15	N	71	23
16	O	35	80
17	P	30	70
18	Q	44	21
19	R	3	24
20	S	3	4

ボタンをクリックする.

|手順3| 「グラフウィザード-2/4-グラフの元データ」の「データ範囲」を確認する. 「次へ」ボタンをクリックする.

|手順4| 「グラフウィザード-3/4-グラフオプション」において,

グラフタイトル	国語/数学散布図
X/項目軸	国語
Y/数値軸	数学

を入力して,「次へ」ボタンをクリックする.

|手順5| 「グラフウィザード-4/4-グラフの作成場所」で既定値の「オブジェクト」を選択して作成場所をデータと同一シートにする.「完了」ボタンをクリックする. すると, 下図のような散布図が表示される.

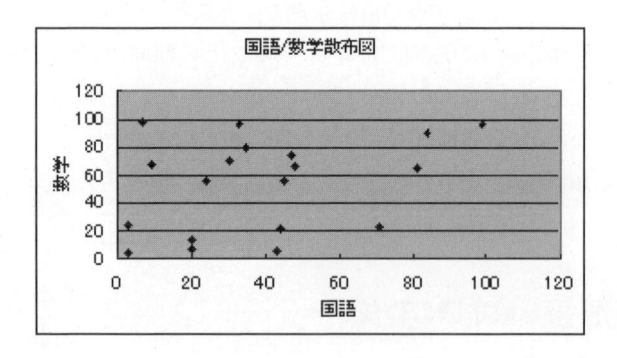

この散布図の国語と数学の得点の広がりには, 何らかの傾向は見当たらない. 互いに他の得点を推定することは難しく, 両者の間に依存関係はないようだ.

Excel 操作 ②：傾向線による変量間の類似性の調査

右下の表で示す 20 店舗について，配置人員と売上金額の散布図に傾向線を描き，これらの変量の間の関係を調べる．

|手順1| データセル b2:c21 を範囲選択する．

|手順2| 「グラフウィザードボタン」 ![icon] をクリックする．ダイアログ「グラフウィザード-1/4-グラフの種類」が表示される．「散布図」を選択して，ダイアログ「グラフウィザード-3/4-グラフオプション」が表示されるまで「次へ」ボタンをクリックする．

|手順3| ダイアログ「グラフウィザード-3/4-グラフオプション」において
① 「タイトルとラベル」タブに

> X/数値軸　人数
> Y/数値軸　売上金額

を入力する．

	A	B	C
1		人数	売上額(万)
2	支店1	41	18.8
3	支店2	82	65.6
4	支店3	59	45.2
5	支店4	91	90.8
6	支店5	80	64
7	支店6	42	49.4
8	支店7	81	82.2
9	支店8	51	39.8
10	支店9	93	125.6
11	支店10	93	120.6
12	支店11	90	75
13	支店12	71	105.2
14	支店13	94	59.2
15	支店14	84	49.2
16	支店15	91	117.2
17	支店16	100	126
18	支店17	91	95.2
19	支店18	68	74.6
20	支店19	89	79.2
21	支店20	97	73.6

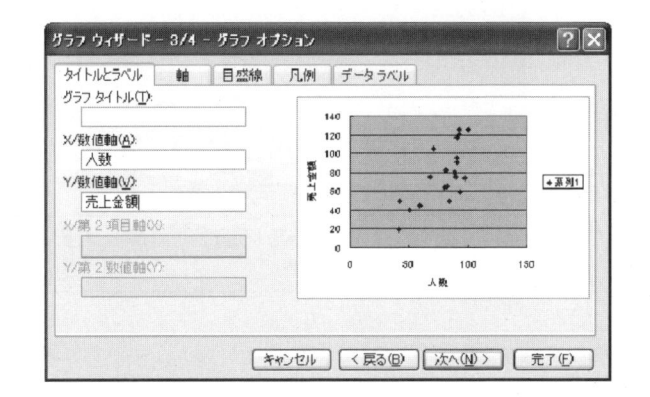

② 「データラベル」タブの「Yの値」にチェックを入れて,「次へ」ボタンをクリックする.

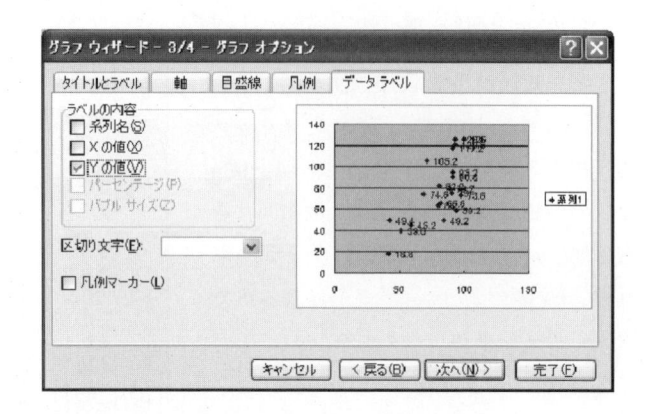

③ 「グラフウィザード-4/4-グラフの作成場所」の「完了」ボタンをクリックする.

手順4 散布図が,売上金額の表があるワークシートに表示される.
凡例を削除する.

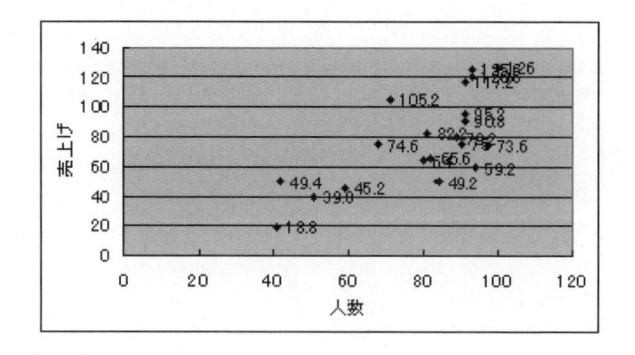

手順5 散布図のY軸を右クリックする.クイックメニューから「軸の書式設定」をクリックする.ダイアログ「軸の書式設定」の「表示単位」を「万」にして,「OK」ボタンをクリックする.

[第3章] 相関係数と回帰分析

手順6 ワークシートに表示されている散布図をクリックして選択する．メニュー「グラフ」をクリックする．ドロップダウンメニューの中から「近似曲線の追加」をクリックする．

① 「種類」タブの「線形近似」をクリックする．

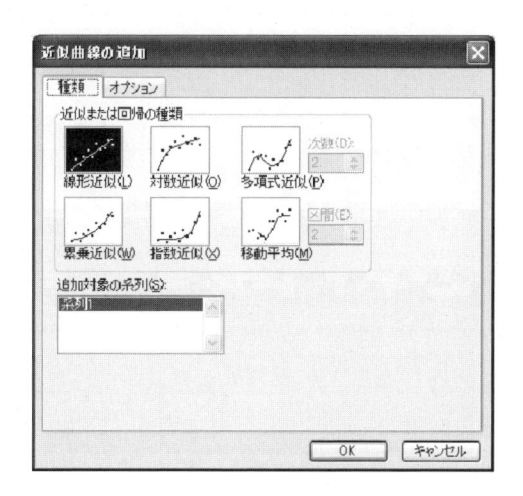

② 「オプション」タブの「グラフに数式を表示する」にチェックを入れる．「OK」ボタンをクリックする．

[手順7] ワークシートの散布図に数式と直線が追加される．散布図の各データのラベルを選択して，データラベルを Y の値からデータに対応した支店名に変更する．

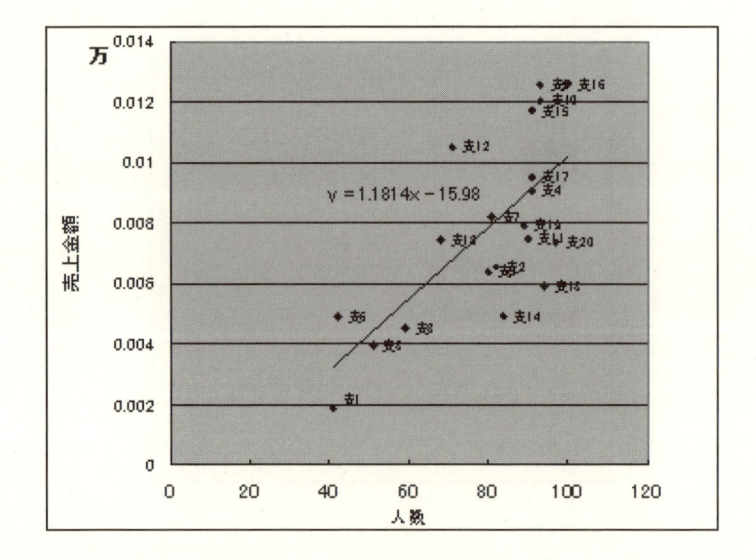

直線が，売上金額分布の中心を通っていることがわかる．直線の上に位置する支店は売り上げの成績が高く，逆に，下にある支店は低いことがわかる．また，傾向線から離れている要因として見込まれる変量と売上実績の間の散布図を作成することで，要因分析の手掛かりを得る．

Note ①
1. 散布図の傾向線は与えられたデータの関係を示すものであって，計算に投入されていない新規データに関する予測をするには，回帰分析を使う．散布図から，配置人員を増加させれば売上金額が増加すると断定するには，更なる慎重な検討が必要となる．
2. 多数の要因を含む分析には，**重回帰分析**のような**多変量解析**の手法を使う．

3.2 相関係数

売上金額と人員の散布図において，データが傾向線に集中しているならば，人員から売上金額が推定できる．逆に，傾向線の周囲に帯状に広くデータがあれば，推定は難しくなる．散布図では，人員から売上金額の推定がどの程度可能なのかについて，定量的にはわからない．単に，傾向線からのデータの広がり程度を視覚的にみて判断するだけである．このデータの広がりを定量的に示す尺度に**相関係数**がある．

相関係数の計算式は，

$$\rho_{XY} = \frac{\sum_{i=1}^{n}(y_i - m_Y)(x_i - m_X)}{\sqrt{\sum_{i=1}^{n}(y_i - m_Y)^2} \sqrt{\sum_{i=1}^{n}(x_i - m_X)^2}}$$

$m_X =$ 変数 X の平均値， $m_Y =$ 変数 Y の平均値

であり，相関係数の値の範囲は，

$$-1 \leq \rho_{XY} \leq 1$$

となる．

相関係数から,
- $\rho_{XY}=\pm 1$　　データが傾向線に集中（**完全相関**）
- $\rho_{XY}=0$　　傾向直線を引けない（互いに推定ができない）（**無相関**）
- $\rho_{XY}>0$　　右上がりの傾向直線に沿った帯状データ（**正の相関**）

　$\rho_{XY}<0$　　右下がりの傾向直線に沿った帯状データ（**負の相関**）

がいえる．図 3.1 (a)〜(c) が示すように，互いに他の変数を推定できる度合いを定量的に相関係数が示している．つまり，2 つの変数間の関係がどの程度直線的かを示している．ところで，傾向線は各変数の平均値の座標を通る．

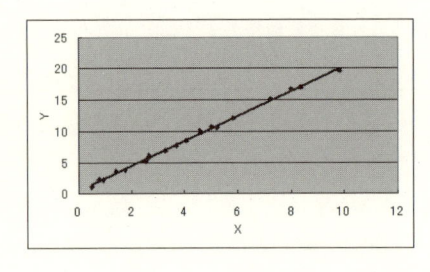

(a)　$\rho_{XY}=0.99$

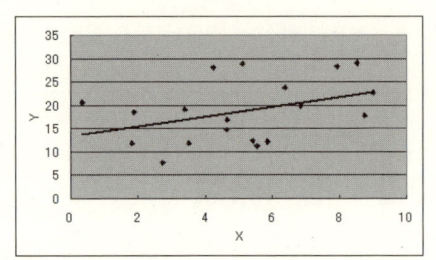

(b)　$\rho_{XY}=0.39$

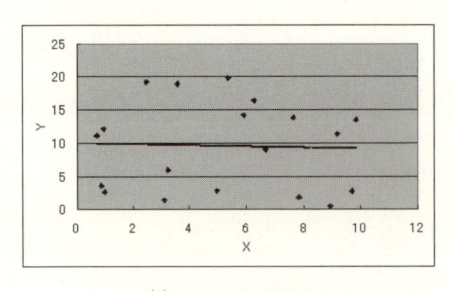

(c)　$\rho_{XY}=0.04$

図 3.1　相関係数と散布図

Excel 操作 ③：相関係数の計算

相関係数を記入したいセルに

[第3章] 相関係数と回帰分析

> ワークシート関数=correl(X のデータ範囲, Y のデータ範囲)

を入力する.

Note ②

1. 相関係数の式の分母・分子を n-1 で割れば,次のように書き換えることができる.

$$\rho_{XY} = \frac{\sigma^2_{XY}}{\sigma_X \sigma_Y} = \frac{s^2_{XY}}{s_X s_Y}$$

相関係数の分子 σ^2_{XY} (s^2_{XY}) を確率変数間の**共分散（不偏共分散）**という.共分散は確率変数間の関係を定量的に示す.共分散は,確率変数の値である各データ対 (x_i, y_i) が,平均値 (m_X, m_Y) から,それぞれ,どの程度離れているかを示す量の積の和である.このことから,たとえば,確率変数 Y の値 y_i がその平均値 m_Y からプラス(マイナス)に離れる値とすると,この Y の値に対応する変数 X の値 x_i がマイナス(プラス) 方向に離れるならば,積の符号はマイナスになる.全てのデータ対が同じ傾向を示すのであれば,X が減少すれば,Y が増加することを示す.このように共分散は 2 変量の値の大小の傾向を示すが,データの単位の影響を受ける.そこで,各変数の標準偏差で**共分散を正規化**する.これが相関係数である.

2. X が Y や Z の原因である場合,Y や Z が原因・結果の関係でない場合であっても,X を介して Y と Z が高い相関を示すことになる.このような場合には,相関が高くても,Y や Z が原因・結果の関係にあるとはいえない.

3. 相関のある X と Z がともに Y と相関がある場合,Z の影響を取り除いた X と Y の相関係数を**偏相関係数**と呼んでいる.X と Y の偏相関係数の式は

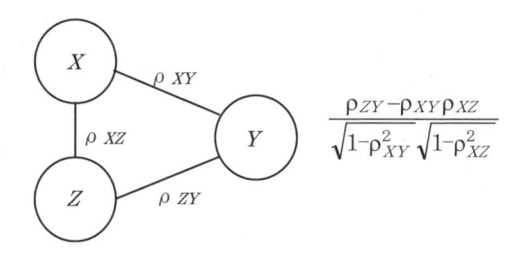

$$\frac{\rho_{ZY} - \rho_{XY}\rho_{XZ}}{\sqrt{1-\rho^2_{XY}}\sqrt{1-\rho^2_{XZ}}}$$

である.
4. 同じ条件で測定した2組のデータの間の相関をとれば,データの信頼性の検査に使用できる.

Excel 操作 ④：相関係数による消費者満足度調査

アンケート項目の満足度と総合評価からなる顧客の満足度の分析を,相関係数を使って行う.各項目の満足度と総合評価の相関が高ければ,その項目の満足度の変化が総合評価を大きく変えることになる.総合評価と相関の高い項目の満足度が低ければ,その項目に関しての改善が必要となる.

|手順1| セル範囲 a1:g21 にデータを入力する.

|手順2| セル c22〜g22 に各項目の満足度が4以上の顧客数を計算する式を入力する.

	A	B	C	D	E	F	G
1	番	号	信頼性	健全性	親近感	カード対策	総合評価
2		1	3	3	2	3	3
3		2	4	4	4	3	5
4		3	4	4	3	3	4
5		4	4	5	3	3	4
6		5	4	4	3	3	4
7		6	5	5	4	4	5
8		7	4	4	3	3	4
9		8	5	5	4	5	5
10		9	4	4	3	3	4
11		10	4	4	3	3	4
12		11	4	4	3	3	4
13		12	4	3	3	3	4
14		13	4	4	3	3	4
15		14	3	3	2	3	3
16		15	3	3	3	3	3
17		16	5	5	4	5	5
18		17	5	4	4	4	5
19		18	4	4	3	3	4
20		19	3	3	2	3	3
21		20	3	3	3	3	3
22	満足の選択数		15	14	5	4	15
23	総合評価との相		0.951	0.86	0.9513	0.662589	1
24	満足率		0.75	0.7	0.25	0.2	0.75
25	満足率順位(昇)		4	3	2	1	
26	相関順位(降順)		1	3	1	4	
27	順位和		5	6	3	5	

セル c22　=countif(c2:c21,5)+countif(c2:c21,4)
セル d22　= countif(d2:d21,5)+ countif(d2:d21,4)
セル e22　= countif (e2:e21,5)+ countif (e2:e21,4)
セル f22　=countif(f2:f21,5)+countif(f2:f21,4)
セル g22　=countif (g2:g21,5)+countif (g2:g21,4)

[第3章] 相関係数と回帰分析

手順3 総合評価と各項目の相関係数を計算する式をセル c23〜c23 に入力する．

```
セル c23    =correl(c2:c21,$g2:$g21)
セル d23    = correl (d2:d21,$g2:$g21)
セル e23    = correl (e2:e21, ,$g2:$g21)
セル f23    = correl (f2:f21, ,$g2:$g21)
セル g23    = correl (g2:g21, ,$g2:$g21)
```

手順4 各項目の満足度を計算する式をセル c24〜c24 に入力する．

```
セル c24    =c22/count(c2:c21)
セル d24    =d22/count(d2:d21)
セル e24    =e22/count(e2:e21)
セル f24    =f22/ count(f2:f21)
セル g24    =g22/ count(g2:g21)
```

手順5 c23:f24 を範囲選択して，「グラフウィザード」ボタン をクリックして，散布図を作成する．データラベルの変更は手操作で行う．

　次の散布図から，総合評価と相関が高く，満足度が低い項目「親近感」の改善が必要であることがわかる．

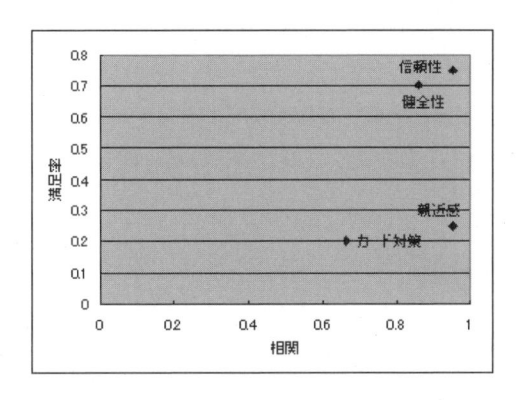

散布図の代わりに，改善項目「親近感」を見つける方法もある．

|手順1| 昇順で満足率順位を決定する式を，セル c25〜f25 に入力する．

```
セル c25    =rank(c24,$c$24:$f$24,1)
セル d25    =rank(d24,$c$24:$f$24,1)
セル e25    =rank(e24,$c$24:$f$24,1)
セル f25    =rank(f24,$c$24:$f$24,1)
```

|手順2| 降順で満足率順位を決定する式を，セル c26〜f26 に入力する．

```
セル c26    =rank(c23,$c$23:$g$23,0)
セル d26    =rank(d24,$c$23:$g$23,0)
セル e26    =rank(e24,$c$23:$g$23,0)
セル f26    =rank(f24,$c$23:$g$23,0)
```

|手順3| これらの順位の和を計算する式を，セル c27〜f27 に入力する．

```
セル c27    =c25+c26
セル d27    =d25+d26
セル e27    =e25+e26
セル f27    =f25+f26
```

最小の和の項目が，総合評価と相関が高く，満足率が低い項目に相当する．「親近感」が改善項目になる．散布図から得た改善項目と同じ項目になる．

3.3 単回帰分析

相関係数は，互いに他の推定をどの程度できるかがわかるという意味において，

2つの変数が互いの要因となる度合いを示すことができる．つまり，相互依存関係がわかる．しかし，互いに他の推定値を求めることはできない．

2つの変数の関係が，要因となる変数とその影響を受ける変数の関係であれば，なおさら，要因からその影響を受ける変数を推定できることが望ましい．**回帰分析**は，2変数間の関係式を導いて影響を受ける変数の推定を可能にするデータ分析である．要因となる変数を**説明変数**，影響を受ける変数を**目的変数**，2変数間の関係式を**回帰関数**という．

説明変数から目的変数の動きを100パーセント正確に説明することは不可能である．そこで，2つの変数の関係を1次式

$$Y = \beta_0 + \beta_1 X$$

で表すことができると仮定して，目的変数の観測値 y_i と1次式によるその推定値 $\hat{y}_i$ の差の2乗（**2乗残差**）の平均

$$\frac{1}{n}\sum_{i=1}^{n}(\beta_0 + \beta_1 x_i - y_i)^2$$

を最小にする β_0 や β_1 を求める．この手法を**最小2乗法**という．係数 β_0 や β_1 を**回帰係数**と呼んでいる．

2乗残差の平均の式を回帰係数により偏微分し，これを0とすることで，標本による回帰係数の推定値

$$\hat{\beta}_0 = m_Y - \hat{\beta}_1 m_X$$

$$\hat{\beta}_1 = \frac{\sum_{i=1}^{n}(x_i - m_X)(y_i - m_Y)}{\sum_{i=1}^{n}(x_i - m_X)^2} = \frac{\sum_{i=1}^{n}(x_i - m_X)y_i}{\sum_{i=1}^{n}(x_i - m_X)^2}$$

を得る．回帰係数の推定値 $\hat{\beta}_0$ は $\hat{\beta}_1$ に依存しているので，目的変数を推定する1次式の自由度は1である．

目的変数の変動（広がり）は目的変数が持つ情報量の物差しであるとするならば，目的変数の推定値の変動がその標本の変動に近ければ，回帰分析による情報損失が少ないといえる．このとき，回帰直線の当てはまりがよいという．変動には次のような関係がある．

$$\sum_{i=1}^{n}(y_i-m_Y)^2 = \sum_{i=1}^{n}(\hat{y}_i-m_Y)^2 + \sum_{i=1}^{n}(y_i-\hat{y}_i)^2$$

目的変数 Y の変動（**全変動**）

　＝目的変数の推定変数 $\hat{Y}$ の変動（**回帰変動**）＋残差の変動（**残差変動**）

この関係から，回帰直線の当てはまりの程度を測る尺度となる**決定係数（適合度）** R^2 が定義される．

$$R^2 = \frac{回帰変動}{全変動} = 1 - \frac{残差変動}{全変動} = \rho_{Y\hat{Y}}^2$$

決定係数は目的変数 Y とその推定変数 $\hat{Y}$ の間の相関係数の 2 乗なので，$0 \leq R^2 \leq 1$ の値をとる．1 に近ければ，説明変数と目的変数の関係を回帰直線が正確に表現していることになる．決定係数により回帰分析の評価ができる．

回帰直線が目的変数と説明変数の間の関係を正確に表現していることを，変動の観点からいうならば，目的変数の変動に対して説明変数の寄与の割合が高いといえる．したがって，残差は他の要因の寄与部分とみなすことができるので，未知の要因を探る重要な手掛かりになる．

決定係数は目的変数とその推定量の間の相関係数であるが，単回帰の場合には目的変数と説明変数の間の相関係数になる．

$$R^2 = \rho_{Y\hat{Y}}^2 = \rho_{XY}^2$$

この関係から

$$残差変動 = 目的変数の変動\,(1-\rho_{XY}^2)$$

を導ける．相関係数が低ければ，残差の標準偏差（つまり，回帰直線による目的変数の推定誤差，あるいは，回帰直線に帯状に沿ったデータの幅）が大きくなる．したがって，相関係数が低い場合には，回帰分析を行う意義が問われることになる．逆に，相関係数が高い場合には，この相関の強い変数を回帰分析の説明変数として投入すればよい．

Note ③

1. 回帰直線には次のような性質がある．

- 回帰直線は各変数の平均値の点 (m_X, m_Y) を通る．

- $m_{\hat{Y}} = m_Y$ （$m_{\hat{Y}}$ は目的変数の推定値 $\hat{y}_i$ の平均値）

- $\beta_1 = \dfrac{\sigma_Y}{\sigma_X} \rho_{XY}$ →回帰係数は変数の値の範囲や単位に依存する．

- 回帰係数 β_0 は β_1 に依存する．→回帰関数を決定する自由度は1である．

- 変動の自由度は

    全変動：n-1

    回帰変動：説明変数の数

    残差変動：n-説明変数の数-1

2. 説明変数が1個の1次式を求める回帰分析を**単回帰分析**，多数であれば，**重回帰分析**という．説明変数が1個の1次式で表す直線を**回帰直線**という．回帰関数が説明変数の1次式であるならば，この分析を**線形回帰分析**という．

3. 変動の関係式（前ページ参照）の左・右辺の自由度は等しくなければならないことから，回帰変動の自由度が説明変数の数なので，右辺の第2項の残差変動の自由度は「n-説明変数の数-1」となる．

3.3.1 回帰係数の誤差

　目的変数を説明変数から推定することだけが目的ならば，分析結果の良否を判断する決定係数や残差があれば十分だが，目的変数に対する説明変数の影響の度合いについて知りたい場合がある．特に，複数の説明変数を考慮した回帰分析を行う場合には，影響が大きい説明変数，つまり，高い要因の説明変数を捜すことが重要となる．説明変数の影響の度合いの比較は回帰係数 β_1 の値で行えるが，これには回帰係数の推定値の精度を知る必要がある．異なった組み合わせの標本による多数回の回帰分析から得た回帰係数のバラツキが少なければ精度が高いといえるので，精度の尺度に回帰係数の仮想無限母集団の分散 $\mathrm{Var}(\hat{\beta}_1)$ や $\mathrm{Var}(\hat{\beta}_0)$ の平方根を使う．これを**回帰係数の標準誤差**と呼び，$SE_{\hat{\beta}_0}$ や $SE_{\hat{\beta}_1}$ と書く．

　ただし，回帰係数の母分散の推定は回帰分析に投入する1組の標本から行う．

いま，2つの変数の関数関係を

$Y = \beta_0 + \beta_1 X + \varepsilon$

$E[\varepsilon]=0,\ \text{Var}(\varepsilon)=\sigma_\varepsilon^2$

で表すことができると仮定する．つまり，ε を 1 次式で説明できない確率的な要因としてみなしていて

・ε は説明変数に依存しない

・ε の値は互いに統計的に独立

を意味している．結果的に，この仮定は目的変数が確率変数であり

$E[Y]=\beta_0+\beta_1 X$

$\text{Var}(Y)=\sigma_\varepsilon^2$

・目的変数の値は統計的に独立

と仮定したことと同じになる．そして，この 1 次式で表すことが正しければ，最小 2 乗法は

・$E[(Y-E[Y])^2]$ を最小にする回帰係数
・回帰式は目的変数の期待値を表す式

を求めることに変わる．したがって，回帰係数を推定する式には，確率変数である目的変数の標本が含まれているので，回帰分析で得た回帰係数の値は，仮想無限母集団からの標本とみなすことができる．通常の変数の値と区別して，確率変数の値のことを**実現値**と呼んでいる．ここで

$\beta_0,\ \beta_1$　　最小 2 乗法で推定しようする回帰係数

$\hat{\beta}_0,\ \hat{\beta}_1$　　推定した回帰係数（標本に依存）

と記法を使い分ける．推定した回帰係数の期待値，

$E[\hat{\beta}_0]=\beta_0,\ E[\hat{\beta}_1]=\beta_1$

を導けるので，その分散

$$\text{Var}(\hat{\beta}_0) = \frac{\sigma_\varepsilon^2 \frac{1}{n}\sum_{i=1}^{n} x_i^2}{\sum_{i=1}^{n}(x_i - m_X)^2},\quad \text{Var}(\hat{\beta}_1) = \frac{\sigma_\varepsilon^2}{\sum_{i=1}^{n}(x_i - m_X)^2}$$

の平方根を誤差の尺度に使える．これが，回帰係数推定値の標準誤差 $SE_{\hat{\beta}_0}$ や $SE_{\hat{\beta}_1}$ である．

$SE_{\hat{\beta}_0}$ や $SE_{\hat{\beta}_1}$ を求めるには，σ_ε^2 を推定する必要がある．目的変数が 1 次式と確率要因 ε の和 $Y=\beta_0+\beta_1 X+\varepsilon$ で表すことができるとする仮定が真ならば，残差 $e=Y-\hat{Y}$ を使って σ_ε^2 の推定ができ，また，残差の自由度が「n−説明変数の数−1」であることがわかっているので，母標準偏差 σ_ε の推定量 s_e は

$$s_e = \sqrt{\frac{1}{n-\text{説明変数の数}-1}\sum_{i=1}^{n}(y_i-\hat{y}_i)^2}$$

により求めることができる．この推定量は不偏推定量である．

　残差を使った母標準偏差 σ_ε の推定は，目的変数が決定的要因の説明変数とこれに依存しない確率的要因 ε の和 $Y=\beta_0+\beta_1 X+\varepsilon$ で表すことができることを前提としている．したがって，残差に説明変数への依存がなく，ランダムな様子が窺えるならば，この前提が満たされているといえる．これが**残差分析**である．つまり，残差により，確率的要因 ε に関する仮定

　　ε は説明変数に依存しない

　　ε の要素は互いに統計的に独立

をチェックできる．各残差 $e_i=y_i-\hat{y}_i$ は，理論的には説明変数に依存するので，残差分析には，これを排除した残差（**標準化残差**）を使う．この理論的依存は，母標準偏差 σ_ε の推定量 s_e の計算過程では消滅するので，母標準偏差 σ_ε の推定に s_e を使うことに問題はない．

3.3.2　回帰係数の確率分布

　回帰係数の推定量の検定には，その確率分布が必要となる．いま，2 つの変数の関係を 1 次式

　　$Y=\beta_0+\beta_1 X+\varepsilon$

　　$\varepsilon \sim N(0,\ \sigma_\varepsilon^2)$

で表すことができるとする．この仮定は，回帰係数の分散（前ページ参照）を求める際に仮定する $E[\varepsilon]=0$ や $Var(\varepsilon)=\sigma_\varepsilon^2$ を含んでいる．この仮定から

$$\hat{\beta}_0 \sim N(\beta_0, \frac{\sigma_\varepsilon^2 \frac{1}{n}\sum_{i=1}^{n} x_i^2}{\sum_{i=1}^{n}(x_i - m_X)^2})$$

$$\to \frac{\hat{\beta}_0 - \beta_0}{\sqrt{\sigma_\varepsilon^2 \frac{1}{n}\sum_{i=1}^{n} x_i^2 \bigg/ \sum_{i=1}^{n}(x_i - m_X)^2}} \sim N(0,1)$$

$$\hat{\beta}_1 \sim N(\beta_1, \frac{\sigma_\varepsilon^2}{\sum_{i=1}^{n}(x_i - m_X)^2})$$

$$\to \frac{\hat{\beta}_1 - \beta_1}{\sqrt{\sigma_\varepsilon^2 \bigg/ \sum_{i=1}^{n}(x_i - m_X)^2}} \sim N(0,1)$$

を導くことができる.これらの結果を使って,回帰係数の検定を行うには,残差 $e_i = y_i - \hat{y}_i$ が正規分布に従うことが前提である.したがって,回帰係数の検定の前に,正規性の検証を残差分析に付け加えなければならないことになる.

3.3.3 回帰係数の検定

回帰係数の検定のための帰無仮説と対立仮説

$H_0: \beta_1 = a$

$H_1: \beta_1 \neq a$

を検定するための統計量は帰無仮説の下で

$$Z = \frac{\hat{\beta}_1 - a}{\sqrt{\sigma_\varepsilon^2 \bigg/ \sum_{i=1}^{n}(x_i - m_X)^2}} \sim N(0,1)$$

$$T = \frac{\hat{\beta}_1 - a}{\sqrt{s_e^2 \bigg/ \sum_{i=1}^{n}(x_i - m_X)^2}} \sim t(\text{n}-\text{説明変数の数}-1)$$

となる.

説明変数が目的変数の要因であることを検証するための帰無仮説と対立仮説は

$H_0: \beta_1=0$

$H_1: \beta_1 \neq 0$

であり，検定に使う統計量は

$$T=\frac{\hat{\beta}_1}{\sqrt{s_e^2 \Big/ \sum_{i=1}^{n}(x_i-m_X)^2}} \sim t(\text{n−説明変数の数−1})$$

である．

同様に，回帰係数 β_0 の帰無仮説と対立仮説は

$H_0: \beta_0=0$

$H_1: \beta_0 \neq 0$

であり，検定に使う統計量は

$$T=\frac{\hat{\beta}_0}{\sqrt{s_e^2 \frac{1}{n}\sum_{i=1}^{n}x_i^2 \Big/ \sum_{i=1}^{n}(x_i-m_X)^2}} \sim t(\text{n−説明変数の数−1})$$

である．

Note ④

1. 母分散 σ_ε^2 とその不偏推定量 s_e^2 の比は，自由度「n−説明変数の数−1」のカイ 2 乗確率分布

$$\frac{(\text{n−説明変数の数−1})s_e^2}{\sigma_\varepsilon^2} \sim \chi^2(\text{n−説明変数の数−1})$$

に従う．この確率分布をもとに分散の検定ができる．

2. 回帰分析の有効性の検定に

　　回帰不偏分散 s_r^2　　回帰変動/説明変数の数

　　残差不偏分散 s_e^2　　残差変動/(n−説明変数の数-1)

の分散比

$$F=\frac{s_r^2}{s_e^2} \sim F(\text{説明変数の数, n−説明変数の数−1})$$

を使う．帰無仮説と対立仮説は

帰無仮説　$s_r^2 = s_e^2$

対立仮説　$s_r^2 > s_e^2$

にする．この仮説の検定は片側検定であり，確率変数 F の実現値を f とするならば，危険率 α でその棄却域は $f > F_\alpha$ である．この検定は，複数の説明変数を投入する重回帰分析の有効性の検定にも使える．

3. 相関係数と単回帰の残差変動と回帰係数の関係

$$残差変動 = s_e\sqrt{n-2} = 目的変数の変動(1-\rho_{XY}^2)$$

$$\hat{\beta}_1 = \frac{\sigma_Y}{\sigma_X}\rho_{XY}$$

を使って，回帰係数の推定値 $\hat{\beta}_1$ の有効性の検定に使う統計量を次のように書き換えることができる．

$$t = \frac{\rho_{XY}\sqrt{n-2}}{\sqrt{1-\rho_{XY}^2}}$$

相関係数の値が大きければ，帰無仮説の棄却につながるので，回帰係数の有効性が高くなることがわかる．

4. 回帰係数の推定値が確率分布 t(n−説明変数の数−1) に従うことがわかっているので，回帰係数の $100(1-\alpha)$%信頼区間

$$\hat{\beta} - t_{\alpha/2}\sqrt{s_{\hat{\beta}}^2/n} \leq \beta \leq \hat{\beta} + t_{\alpha/2}\sqrt{s_{\hat{\beta}}^2/n}$$

を導ける．ただし，$\hat{\beta} = \hat{\beta}_0$，　$\hat{\beta} = \hat{\beta}_1$，そして，$\beta$ は回帰係数の仮想母集団の期待値である．

Excel 操作 ⑤：分析ツールによる単回帰分析

セル範囲 a1:b21 の標本の回帰分析を「分析ツール」を使って行う．

|手順1| 「ツール」メニューをクリック．ドロップダウンメニュー「分析ツール」を選択．

|手順2| ダイアログ「分析ツール」から「回帰分析」を選択して，「OK」ボタンをクリックする．

|手順3| ダイアログ「回帰分析」において

> 入力 X 範囲　a1:a21
> 入力 Y 範囲　b1:b21

を入力して，回帰分析を行うデータを指定する．

|手順4| ダイアログ「回帰分析」において，「ラベル」にチェックを入れ，

> 一覧の出力先　d1

を入力する．「OK」ボタンをクリックする．

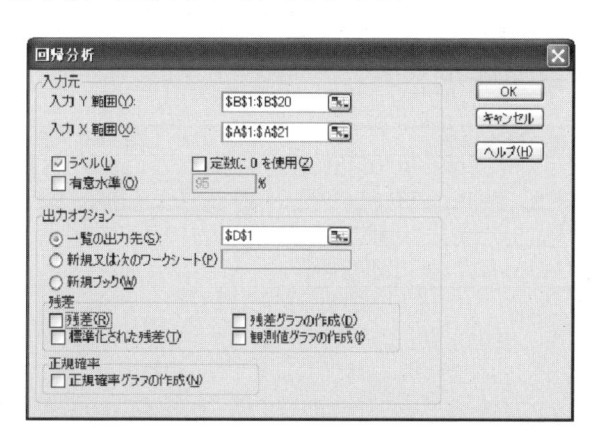

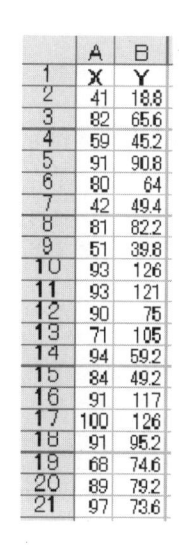

	A	B
1	X	Y
2	41	18.8
3	82	65.6
4	59	45.2
5	91	90.8
6	80	64
7	42	49.4
8	81	82.2
9	51	39.8
10	93	126
11	93	121
12	90	75
13	71	105
14	94	59.2
15	84	49.2
16	91	117
17	100	126
18	91	95.2
19	68	74.6
20	89	79.2
21	97	73.6

手順5 回帰分析結果が，データと同じワークシートに表示される．

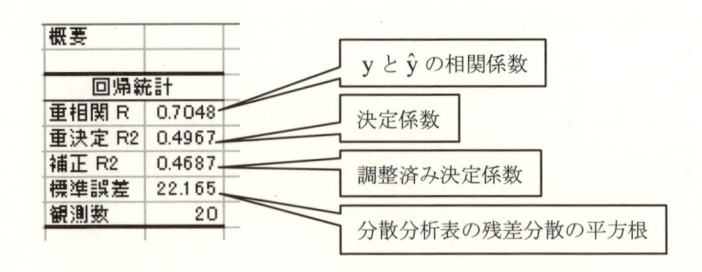

概要	
回帰統計	
重相関 R	0.7048
重決定 R2	0.4967
補正 R2	0.4687
標準誤差	22.165
観測数	20

- 重相関 R → y と $\hat{y}$ の相関係数
- 重決定 R2 → 決定係数
- 補正 R2 → 調整済み決定係数
- 標準誤差 → 分散分析表の残差分散の平方根

標準誤差　　分散分析表の残差 491.27 の平方根（＝s_e）

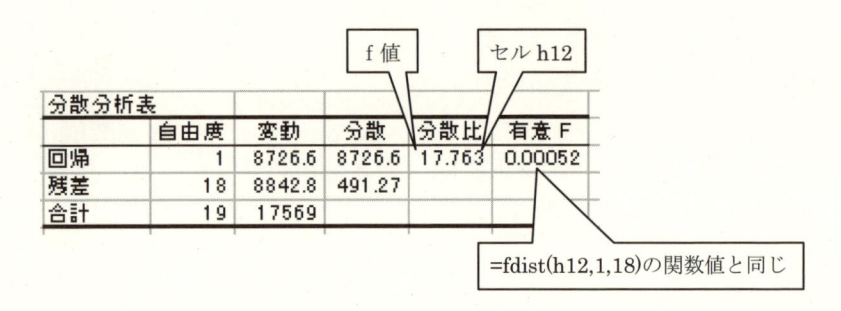

分散分析表

	自由度	変動	分散	分散比	有意 F
回帰	1	8726.6	8726.6	17.763	0.00052
残差	18	8842.8	491.27		
合計	19	17569			

- 分散比 → f 値
- 有意 F → セル h12
- 0.00052 → =fdist(h12,1,18) の関数値と同じ

有意 F　　有意確率 $P(17.763<F)<0.05$ なので，回帰分析の有効性が高い

回帰係数に関する統計量

	係数	標準誤差	t	P-値	下限 95%	上限 95%	下限 95.0%	上限 95.0%
切片	-15.98	22.801	-0.701	0.4923	-63.883	31.9225	-63.883	31.9225
X	1.1814	0.2803	4.2147	0.0005	0.59248	1.77025	0.59248	1.77025

- 切片 → β_0
- X → β_1
- 標準誤差 → e17:e18
- t → f17:f18
- P-値 → g17:g18

標準誤差

$$s_{\hat{\beta}_0} = \sqrt{\frac{s_e^2 \frac{1}{n}\sum_{i=1}^{n} x_i^2}{\sum_{i=1}^{n}(x_i - m_X)^2}} \quad , \quad s_{\hat{\beta}_1} = \sqrt{\frac{s_e^2}{\sum_{i=1}^{n}(x_i - m_X)^2}} \quad と同値$$

t 値

$$t = \frac{\hat{\beta}_0}{\sqrt{s_e^2 \frac{1}{n}\sum_{i=1}^{n} x_i^2 \Big/ \sum_{i=1}^{n}(x_i - m_X)^2}} \quad , \quad t = \frac{\hat{\beta}_1}{\sqrt{s_e^2 \Big/ \sum_{i=1}^{n}(x_i - m_X)^2}} \quad と同値$$

P-値

P(|t|>0.701)=tdist(-g17,18,2)と同値

（回帰係数値-15.98 の有効性は低い）

P(|t|>4.2147)=2*tdist(g18,18,1)と同値

（回帰係数値 1.1814 の有効性が高い）

下限 95%

95%信頼区間の下限（真の係数のありそうな範囲の下限）

=e17-tinv(0.05,18)*f17 と同値（β_0）

=e18-tinv(0.05,18)*f18 と同値（β_1）

上限 95%

95%信頼区間の上限（真の係数のありそうな範囲の上限）

=e17+tinv(0.05,18)*f17 と同値（β_0）

=e18+tinv(0.05,18)*f18 と同値（β_1）

　回帰分析ではRの値が 0.8～0.9 が望ましいといわれている．ここではRの値が 0.7048 なので，この回帰分析の標本への当てはまりはあまりよくないといえる．

　ダイアログ「回帰分析」の項目「残差グラフの作成」にチェックを入れると，次のような残差グラフと残差が作成される．

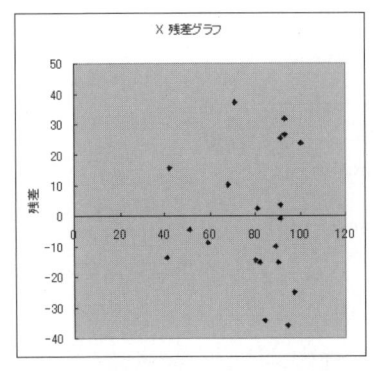

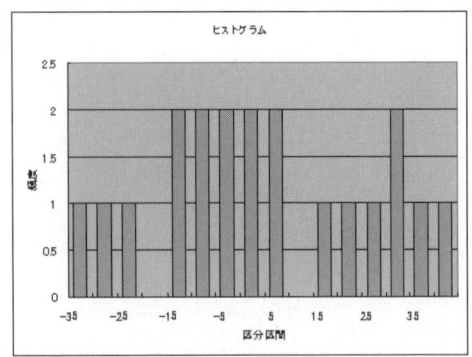

残差グラフをみると残差に規則性があるとはいえないので，残差の変動を使ってεの標準偏差σ_εの推定ができる．したがって，回帰係数推定量の分散（標準誤差）の利用は可能だといえる．しかし，残差の統計的不変性について分析を行う必要がある．

標本数が少ないことが原因なのか，残差の度数分布は2峰を持つ．したがって，回帰係数の検定には，残差が正規分布に従っているか否かの適合度検定を行う必要がある．ここで，「分析ツール」の「基本統計量」の尖度と歪度を使って正規性を調べる．それぞれ

尖度=-0.91

歪度=0.13

なので，正規分布と比較して扁平で，正の方向に裾野が長いことになる．これは，残差のヒストグラムと一致している．

ダイアログ「回帰分析」において，「観測値グラフの作成」にチェックを入れると，目的変数の元データと予測値の散布図が表示される．

[第3章] 相関係数と回帰分析

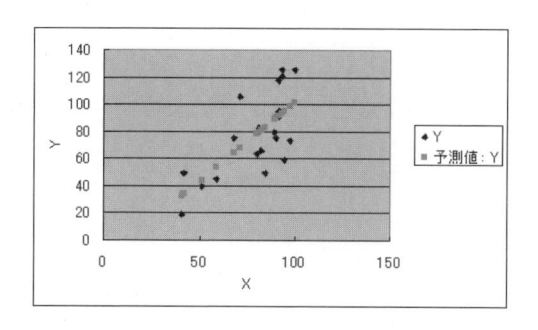

Excel 操作 ⑥：εの統計的不変性と正規分布の調査

理論的にいえば，各残差 $e_i = y_i - \hat{y}_i$ は説明変数に依存する．e_i を使った母標準偏差 σ_ε の推定では，この依存性は消滅する．しかし，仮定「εの統計的性質はどの標本においても不変である」ことが満たされているか否かを調べる必要がある．この調査には**標準化残差**（厳密にいえば，**スチューデント化した残差**）を使う．残差 e, ε，そして，標準化残差の間の関係については，〔3.4 節 重回帰分析〕で説明する．ここでは，εの統計的性質の不変性について調べるための標準化残差の使い方を示す．

標準化残差の散布図とその頻度を次に示す．散布図では横軸に目的変数の推定量を採用した．説明変数が複数個の重回帰分析では，各説明変数を水平軸にした散布図を複数個作成する必要があるので，横軸に目的変数の推定量を使った残差散布図が便利である．散布図とヒストグラムはともに「Excel 操作 ⑤：分析ツールによる単回帰分析」の残差 $e_i = y_i - \hat{y}_i$ の場合と同じ傾向を示していて，εの統計的性質の不変性を示しているといえる．

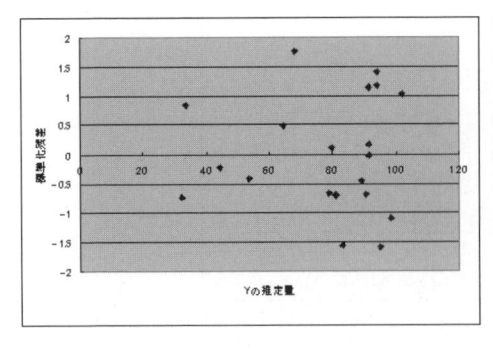

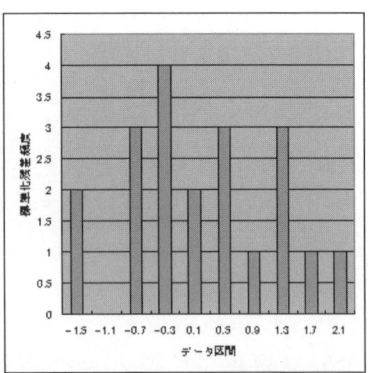

次に，標準化残差と標準正規分布の累積百分率の図を作成する．この図により標準化残差の確率分布が正規分布かどうかの判断が視覚的にできる．

|手順1| 「分析ツール」の「ヒストグラム」を使って，標準化残差の頻度表をセル h1 に作成する．

	H	I	J	K
1	区間	標準化残差頻度	標準化残差累積%	標準正規分布累積%
2	-1.9	0	0	2.871655982
3	-1.5	2	10	6.680720127
4	-1.1	0	10	13.56660609
5	-0.7	3	25	24.19636522
6	-0.3	4	45	38.20885778
7	0.1	2	55	53.98278373
8	0.5	3	70	69.14624613
9	0.9	1	75	81.59398747
10	1.3	3	90	90.31995154
11	1.7	1	95	95.54345372
12	2.1	1	100	98.21355794

|手順2| セル k2 に標準正規分布の累積百分率を計算する式

=normsdist(H2)*100

を入力する．オートフィル機能を使って，セル k2 の式をセル範囲 k3:k12

にコピーする．

手順3 横軸をk列の標準正規分布累積%，縦軸をj列の標準化残差累積%にした散布図を作成する．

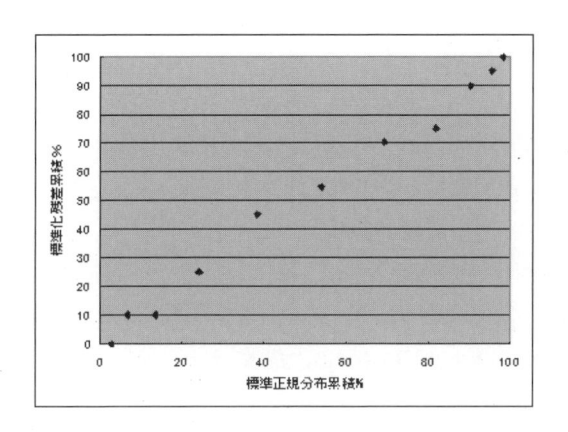

「分析ツール」の「基本統計量」で計算した標準化残差の尖度と歪度は
　　尖度=-0.93
　　歪度=0.17
であり，正規分布と比較して扁平で，正の方向に裾野が長いことになるが，「正規分布であれば，データ点は傾き45度の線に揃う」ことを考慮すると，標準化残差の分布は正規分布に近いといえる．

　Excelの「分析ツール」の「回帰分析」で指定できる「標準化された残差」は，残差の分散で正規化したもので，標準化残差ではない．標準化残差とExcelの「標準残差」を比較してみると，両者ともに散布図やヒストグラムがほぼ同じ傾向を示しているが，注意が必要である．

3.4 重回帰分析

重回帰分析の残差分析では
・1次式による回帰分析で設定された仮定の妥当性

・投入すべき他の説明変数（要因）の可能性

を検討することになる．1番目の仮定の妥当性については，〔3.3節 単回帰分析〕で述べた．2番目については，投入した説明変数では説明できないものを目的変数が持っていることを残差は示しているとして，他の要因の可能性を探る．つまり，既に投入した説明変数が持っていない目的変数に関する情報を持つ新規の説明変数を選ぶ．

具体的には，回帰分析に投入する新たな説明変数（要因）として

・既に投入した説明変数との相関が低い

・残差との相関が高い変数（要因）

を選ぶ．次に，選択の手続きを示す．

・既に投入した説明変数 $X_1, X_2, \cdots, X_{k-1}$ を説明変数，新規の説明変数 X_k を目的変数とした回帰分析を行い，推定量 $\hat{X}_k$ を求める．

・説明変数 $X_1, X_2, \cdots, X_{k-1}$ による回帰分析の残差 $e = Y - \hat{Y}$ と残差 $X_k - \hat{X}_k$ の間の相関係数を求める（この相関係数を**偏相関係数**と呼んでいる）．

・偏相関係数の高い説明変数を選ぶ．

偏相関係数による新たな要因を検討することを**偏相関分析**という．残差 $X_k - \hat{X}_k$ と残差 $e = Y - \hat{Y}$ の間の回帰分析を Excel の「分析ツール」を使って行えば，その回帰係数が求める偏相関係数である．さらに，回帰係数の P-値から新規説明変数の有効性についても判断できる．

説明変数の選択を厳密に行おうとするならば，偏相関分析によって行うことになるが，Excelの「分析ツール」を使えば，最初から複数の説明変数を回帰分析に投入できるので，重回帰分析の回帰係数から説明変数の選択ができる．しかし，説明変数の間に高い相関がある場合には，回帰分析そのものの信頼性が損なわれるので，投入する説明変数の選択は

・目的変数との相関が高い

・説明変数相互の相関が低い

ことを基本に行う．

重回帰分析においても，目的変数は説明変数の1次式

$$Y = \beta_0 + \beta_1 X_1 + \beta_2 X_2 + \cdots + \beta_p X_p$$

で説明できると仮定する．最小2乗法による回帰係数の推定量 $\hat{\beta} = \begin{bmatrix} \hat{\beta}_0 & \hat{\beta}_1 & \hat{\beta}_2 & \cdots & \hat{\beta}_p \end{bmatrix}^t$ は

$$\hat{\beta} = (X^t X)^{-1} X^t y$$

$$X = \begin{bmatrix} 1 & x_{11} & x_{12} & \cdots & x_{1p} \\ 1 & x_{21} & x_{22} & \cdots & x_{2p} \\ \vdots & \vdots & \vdots & \ddots & \vdots \\ 1 & x_{n1} & x_{n2} & \cdots & x_{np} \end{bmatrix} \text{n×p 説明変数標本行列}$$

$y = [y_1\ y_2 \cdots y_n]^t$ 目的変数標本ベクトル

となる．説明変数標本行列を，**デザイン行列**と呼んでいる．各標本から標本の平均値を引いているのならば，$X^t X$ は**標本分散行列**になる．

目的変数と説明変数間の1次式の関係に，さらに

$$Y = \beta_0 + \beta_1 X_1 + \beta_2 X_2 + \cdots + \beta_p X_p + \varepsilon$$

$\mathrm{Var}(\varepsilon) = \sigma_\varepsilon^2$，$E[\varepsilon] = 0$

と仮定することにより，最小2乗法による回帰係数の推定量が確率変数となり，その期待値と分散は

$E[\hat{\beta}_j] = \beta_j$, $j=1,2,...,p$

$\mathrm{Var}(\hat{\beta}_j) = \sigma_\varepsilon^2 ((X^t X)^{-1})_{jj}$, $j=1,2,...,p$

となる．残差の期待値と分散は

$E[e_i] = 0$, $i=1,2,...,n$

$\mathrm{Var}(e_i) = \sigma_\varepsilon^2 (1 - (H)_{ii})$, $i=1,2,...,n$

$H = X(X^t X)^{-1} X^t$

となる．n×n の行列 H を**ハット行列**と呼んでいる．ハット行列の性質から e_i，i=1,2,...,n の間の自由度は n−p−1 であり，σ_ε^2 の不偏推定量 s_ε^2 は

$$s_e^2 = \frac{\sum_{i=1}^{n} e_i^2}{n-p-1},$$

となる.これが,〔3.3節 単回帰分析〕で説明した推定量 s_e である.

さらに,n 次元誤差ベクトル ε に n 次元正規分布

$$\varepsilon \sim N(0, \sigma_\varepsilon^2 I_n)$$

$$I = \begin{bmatrix} 1 & 0 & \cdots & \cdots & 0 \\ 0 & 1 & \ddots & \ddots & \vdots \\ \vdots & 0 & \ddots & \ddots & \vdots \\ \vdots & \vdots & \ddots & 1 & 0 \\ 0 & 0 & \cdots & 0 & 1 \end{bmatrix} \text{n×n 行列}, \quad O = \begin{bmatrix} 0 \\ \vdots \\ \vdots \\ \vdots \\ 0 \end{bmatrix} \text{n 次元ベクトル}$$

と仮定するならば,残差の確率分布は

$$e_i \sim N(0, \sigma_\varepsilon^2 (1 - (H)_{ii}))$$

となるので,残差を正規化した**標準化残差** e_i^s は

$$e_i^s = \frac{e_i}{\sigma_\varepsilon \sqrt{1 - (H)_{ii}}} \sim N(0,1)$$

に従う.回帰係数推定量の確率分布は

$$\frac{\hat{\beta}_j - \beta_j}{\sigma_\varepsilon \sqrt{((X^t X)^{-1})_{jj}}} \sim N(0,1), \quad i=1,2,\dots,n$$

となり,σ_ε^2 の代わりにその不偏推定量 s_e^2 を使うならば,回帰係数推定量は自由度 n-p-1 の t 分布

$$\frac{\hat{\beta}_j - \beta_j}{s_\varepsilon \sqrt{((X^t X)^{-1})_{jj}}} \sim t(n-p-1)$$

に従う.この分布を使って,回帰係数の信頼区間の計算や回帰係数推定量の検定ができる.

Note ⑤

1. 単回帰分析と同様に,重回帰分析の決定係数は

$$R^2 = \frac{回帰変動}{全変動} = 1 - \frac{残差変動}{全変動} = \rho_{Y\hat{Y}}^2$$

であり，説明変数とその推定量との間の相関係数の 2 乗である．この相関係数は目的変数と複数個の説明変数の間の相関が重ね合わさったものなので，R を**重相関係数**と呼んでいる．回帰分析では 0.8 から 0.9 が望ましいといわれている．決定係数から，残差の変動の計算ができる．

残差変動＝目的変数の変動$(1-\rho_{Y\hat{Y}}^2)$

2. 決定係数を使って重回帰分析の評価を行う場合，投入する説明変数の個数の増加圧力が高まる．そこで，重回帰式の当てはまりの良さを比較する場合には，次の**調整済み決定係数**を使う．

$$R_{adj}^2 = 1 - \frac{残差変動/(n-説明変数の数-1)}{全変動/(n-1)}$$

3. 回帰係数による目的変数への影響度の比較は，回帰係数が説明変数の単位とその範囲に依存するので，説明変数 X_k を，その不偏偏差 s_{X_k} と平均値 m_{X_k} を使って正規化して回帰分析を行うか，あるいは，次のように，目的変数の不偏偏差 s_Y と s_{X_k} を使って回帰係数を規準化する．

$$\frac{s_{X_k}}{s_Y}\hat{\beta}_k$$

ただし，定数項の回帰係数 $\hat{\beta}_0$ は 0 となる．

4. 重回帰分析による回帰係数は偏相関係数となるので，重回帰分析の回帰係数を**偏回帰係数**と呼んでいる．

5. 調整済み決定係数の定義から，母標準偏差 σ_ε の不偏偏差 $\hat{\sigma}_\varepsilon$ を導ける．

$$\hat{\sigma}_\varepsilon = 目的変数の標準偏差\sqrt{1-R_{adj}^2}$$

Excel 操作 ⑦:行列を使った重回帰分析

Excel の「分析ツール」ではなく,行列に関するワークシート関数を使って回帰係数を求める.

	A	B	C	D	E	F	G
68		X		Y		回帰係数	
69	1	41	14	18.8		β_0	-71.96
70	1	82	10	65.6		β_1	1.2897
71	1	59	13	45.2		β_2	2.8976
72	1	91	16	90.8			
73	1	80	10	64			
74	1	42	23	49.4			
75	1	81	19	82.2			
76	1	51	16	39.8			
77	1	93	24	126			
78	1	93	23	121			
79	1	90	13	75			
80	1	71	28	105			
81	1	94	1	59.2			
82	1	84	7	49.2			
83	1	91	26	117			
84	1	100	26	126			
85	1	91	15	95.2			
86	1	68	21	74.6			
87	1	89	14	79.2			
88	1	97	8	73.6			

手順1 デザイン行列をセル範囲 a69:d88 に入力する.

手順2 セル範囲 g69:g71 を範囲選択して,行列の式 $\hat{\beta}=(X^tX)^{-1}X^ty$ に相当するワークシート関数,

> =mmult(mmult(minverse(mmult(transpose(\$a\$69:\$c\$88),\$a\$69:\$c\$88)),transpose(\$a\$69:\$c\$88)),\$d\$69:\$d\$88)

を入力してキー「Ctrl」と「Shift」のキーを順次押し続けながらキー「Enter」を押す.

手順3 セル範囲 g69:g71 に回帰係数が表示される.

Excel 操作 ⑧：分析ツールによる重回帰分析

「Excel 操作 ⑤：分析ツールによる単回帰分析」の残差分析から，回帰分析に投入する新たな説明変数が必要となったとして，2つの説明変数による重回帰分析を行う．新たな変数 X2 と目的変数 Y の相関係数の値が 0.62，既存の説明変数 X1 との相関係数の値が-0.1 である．重回帰分析の場合も分析ツールの操作は単回帰と同じである．

実行結果の調整済み決定係数の値が 0.97 なので，単回帰と比較して回帰式の当てはまりが改善されている．単回帰の場合には回帰係数 β_0 の有効性がなかったが，この重回帰では P-値が 0.05 と比較して遥かに小さくなっているので，全ての回帰係数の有効性が示されている．

	A	B	C
1	X1	X2	Y
2	41	14	18.8
3	82	10	65.6
4	59	13	45.2
5	91	16	90.8
6	80	10	64
7	42	23	49.4
8	81	19	82.2
9	51	16	39.8
10	93	24	125.6
11	93	23	120.6
12	90	13	75
13	71	28	105.2
14	94	1	59.2
15	84	7	49.2
16	91	26	117.2
17	100	26	126
18	91	15	95.2
19	68	21	74.6
20	89	14	79.2
21	97	8	73.6

概要						
	回帰統計					
重相関 R	0.986677147					
重決定 R2	0.973531793					
補正 R2	0.970417886					
標準誤差	5.230168445					
観測数	20					
分散分析表						
	自由度	変動	分散	測された分散	有意 F	
回帰	2	17104.32275	8552.161373	312.6399948	3.91885E-14	
残差	17	465.0292534	27.35466196			
合計	19	17569.352				
	係数	標準誤差	t	P-値	下限 95%	上限 95%
切片	-71.9590254	6.259365379	-11.4962174	1.93378E-09	-85.1651319	-58.7529189
X1	1.28971059	0.066431278	19.41420704	4.86199E-13	1.149552846	1.429868334
X2	2.897614958	0.165574023	17.50042007	2.62043E-12	2.548284308	3.246945608

目的変数の推定量と残差のグラフから，これらの間に何らかの関係があるようには見えないので，残差が何らかの確率分布に従っているといえる．したがって，詳細な残差分析をする必要があるが，回帰係数の有効性を P-値により判断できそうだ．

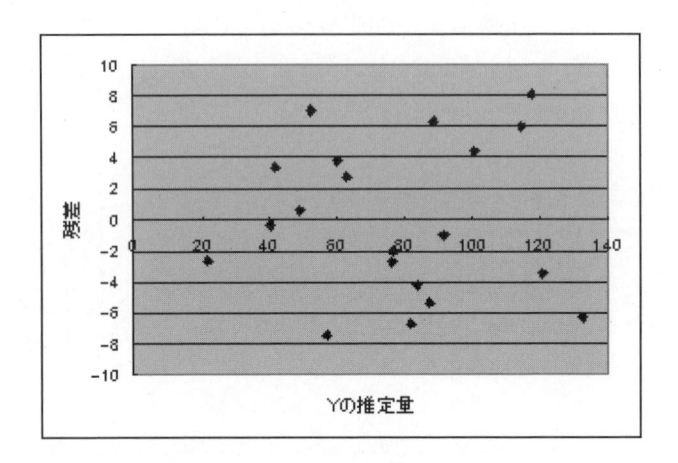

Excel 操作 ⑨：重回帰分析の残差分析

「Excel 操作 ⑧：分析ツールによる重回帰分析」の結果に対して残差分析を行う．この重回帰分析において，ダイアログ「回帰分析」の「残差」と「標準化された残差」の項目にチェックを入れて重回帰分析を行ったものとする．

手順1 デザイン行列をセル範囲 a69:c88 に作る（「Excel 操作 ⑦：行列を使った重回帰分析」のデザイン行列を使う）．

手順2 セル a91:t110 を範囲選択して，ハット行列の式 $H=X(X^tX)^{-1}X^t$ に相当するワークシート関数

```
=mmult($a$69:$c$88,mmult(minverse(mmult(transpose($a$69:$c$88),$a$69:$c$88)),transpose($a$69:$c$88)))
```

を入力する．すると，20×20 のハット行列が表示される．

[第3章] 相関係数と回帰分析

	A	B	C	D	E	F	
90	ハット行列						
91	0.3	0.06	0.191	-0.02156	0.07	0.25976	0.0
92	0.058	0.09	0.067	0.054299	0.09	0.00154	0.0
93	0.191	0.07	0.134	0.011809	0.07	0.15037	0.0
94	-0.02	0.05	0.012	0.071527	0.05	-0.0189	0.0
95	0.07	0.09	0.074	0.050582	0.09	0.01311	0.0
96	0.26	0	0.15	-0.01894	0.01	0.30134	0
97	0.03	0.03	0.034	0.053196	0.03	0.05469	0.0
98	0.23	0.05	0.148	-0.00281	0.06	0.21244	0.0
99	-0.06	0	-0.03	0.075915	-0	0.01159	0.0
100	-0.06	0.01	-0.02	0.075831	0.01	0.00633	0
101	-0	0.07	0.028	0.069417	0.07	-0.0289	0.0

手順3 「分析ツール」の「回帰分析」で出力した目的変数の推定量，残差，標準残差を d 列〜f 列にコピーする．

手順4 セル g22 に，σ_ε^2 の不偏推定量 $s_e^2 = \sum_{i=1}^{n} e_i^2 / (n-p-1)$ に相当する式

=20*varp(e2:e21)/17

を入力する．定数 20 は標本数であり，17 は残差の自由度である．

	A	B	C	D	E	F	G
1	X1	X2	Y	予測値:Y	残差	標準残差	標準化残差
2	41	14	18.8	21.48572	-2.7	-0.5429	-0.613838
3	82	10	65.6	62.77339	2.83	0.57135	0.5567603
4	59	13	45.2	41.80289	3.4	0.68667	0.7220854
5	91	16	90.8	91.76648	-1	-0.1954	-0.182829
6	80	10	64	60.19397	3.81	0.76932	0.7547277
7	42	23	49.4	48.85396	0.55	0.11037	0.1213442
8	81	19	82.2	87.56222	-5.4	-1.0839	-1.040923
9	51	16	39.8	40.17805	-0.4	-0.0764	-0.082362
10	93	24	125.6	117.5268	8.07	1.63185	1.496102
11	93	23	120.6	114.6292	5.97	1.20689	1.1084704
12	90	13	75	81.78392	-6.8	-1.3713	-1.294559
13	71	28	105.2	100.7436	4.46	0.90078	0.8781557
14	94	1	59.2	52.17139	7.03	1.42071	1.3550906
15	84	7	49.2	56.65997	-7.5	-1.5079	-1.468477
16	91	26	117.2	120.7426	-3.5	-0.7161	-0.658051
17	100	26	126	132.35	-6.4	-1.2835	-1.149261
18	91	15	95.2	88.86886	6.33	1.27973	1.1998941
19	68	21	74.6	76.59121	-2	-0.4025	-0.402201
20	89	14	79.2	83.39183	-4.2	-0.8473	-0.80091
21	97	8	73.6	76.32382	-2.7	-0.5506	-0.513424
22						残差分散	27.354662

手順5 セル g2 に，標準化残差 $e_i^s = \dfrac{e_i}{\sigma_\varepsilon \sqrt{1-(H)_{ii}}}$ に相当する式

```
=e2/(sqrt($g$22)*sqrt(1-a91))
```

を入力する．同様の式をセル g3:g21 に入力する．ただし，セル参照の a91 の代わりに，ハット行列の対角要素を次々に参照するようにする．たとえば，セル g9 に

```
=e9/(sqrt($g$22)*sqrt(1-a98))
```

を入力する．

手順6 「分析ツール」の「ヒストグラム」使って頻度分布表をセル i1 に作る．

手順7 セル L2 にワークシート関数

```
=normsdist(I2)
```

を入力する．

	I	J	K	L
1	間点	標準化残差頻度	標準化残差累積%	正規分布累積%
2	-1.5	0	0	0.066807201
3	-1.1	3	0.15	0.135666061
4	-0.7	2	0.25	0.241963652
5	-0.3	4	0.45	0.382088578
6	0.1	2	0.55	0.539827837
7	0.5	1	0.6	0.691462461
8	0.9	4	0.8	0.815939875
9	1.3	2	0.9	0.903199515
10	1.7	2	1	0.955434537

手順8 k 列の標準化残差累積%と L 列の標準正規分布累積%の散布図を作成する．

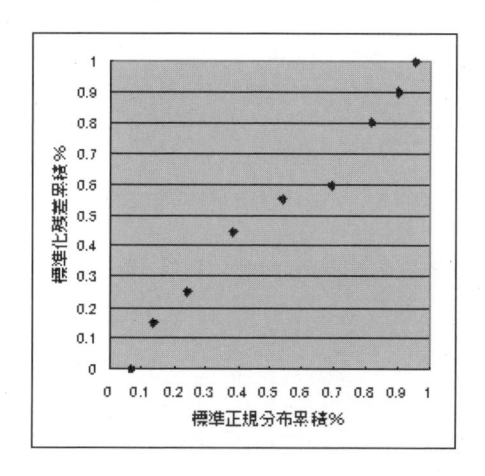

手順9 g 列の標準化残差と d 列の目的変数推定量の散布図を作成する.

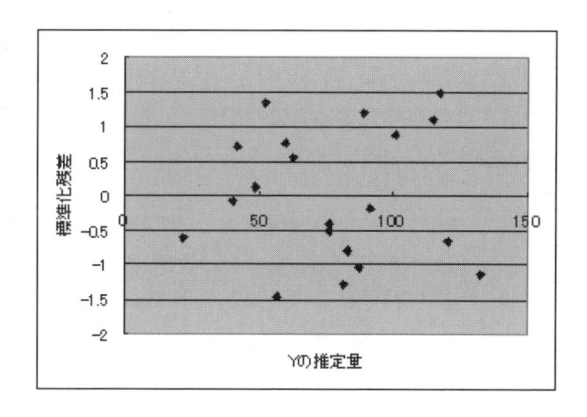

標準化残差累積%と標準正規分布累積の散布図から ε の正規分布, 標準化残差と目的変数推定量の散布図から ε の統計的性質の不変性が確認できた.

3.5 カテゴリ変量を説明変数とする回帰分析

ある店舗での売り上げに関するカテゴリ変量を含む売上表を例に, カテゴリ変

量を説明変数とする回帰分析について説明する．売上表を表 3.1 に示す．この売上表のデータには数値データ以外の文字データがあるので，このままでは回帰分析を適用することができない．

表 3.1 カテゴリ変量がある売上表

製品名	売場面積	製造会社			タイプ		売上数
		A	B	C	ソフト	酒	
A	33.0	1	0	0	1	0	54
B	33.0	1	0	0	1	0	98
C	13.2	1	0	0	0	1	13
D	19.8	1	0	0	0	1	59
E	19.8	0	1	0	1	0	47
F	16.5	0	1	0	1	0	38
G	19.8	0	1	0	0	1	41
H	9.9	0	1	0	0	1	26
I	19.8	0	0	1	1	0	54
J	3.3	0	0	1	1	0	6
K	23.1	0	0	1	0	1	68
L	9.9	0	0	1	0	1	23
M	9.9	0	0	1	0	1	5

そこで，ダミー変数を導入して，表 3.2 のように表 3.1 の売上表を変更する．たとえば，変量 A の値 1 は製造会社の A 社を，変量「ソフト」の値 1 は製品タイプのソフトドリンクを指示する．

表 3.2 ダミー変数を導入した売上表

製品名	売場面積	製造会社			タイプ		売上数
		A	B	C	ソフト	酒	
A	33.0	1	0	0	1	0	54
B	33.0	1	0	0	1	0	98
C	13.2	1	0	0	0	1	13
D	19.8	1	0	0	0	1	59
E	19.8	0	1	0	1	0	47
F	16.5	0	1	0	1	0	38
G	19.8	0	1	0	0	1	41
H	9.9	0	1	0	0	1	26
I	19.8	0	0	1	1	0	54
J	3.3	0	0	1	1	0	6
K	23.1	0	0	1	0	1	68
L	9.9	0	0	1	0	1	23
M	9.9	0	0	1	0	1	5

ダミー変数を持つ売上表は全て数値データなので，回帰分析を適用できることになった．しかし，変数 A, B, C の間，変数 S 「ソフト」と L 「酒」の間には

$C+A+B=1$

$L+S=1$

のような依存関係がある．この依存関係を使うと，売上数 Y に関する回帰式は，変数「売場面積」を X とするならば

$$Y = \alpha_0 + \alpha_1 X + \alpha_2 A + \alpha_3 B + \alpha_4 C + \alpha_5 S + \alpha_6 L + \lambda(A+B+C-1) + \eta(L+S-1)$$

とできる．これを書き換えると

$$Y = \alpha_0 - \lambda - \eta + \alpha_1 X + (\alpha_2+\lambda)A + (\alpha_3+\lambda)B + (\alpha_4+\lambda)C + (\alpha_5+\lambda)S + (\alpha_6+\lambda)L$$

となる．λ や η は任意の値に設定できるので，$\lambda=-\alpha_4$，$\eta=-\alpha_6$ とする．回帰式は

$$Y = \alpha_0 - \lambda - \eta + \alpha_1 X + (\alpha_2+\lambda)A + (\alpha_3+\lambda)B + 0 \bullet C + (\alpha_5+\eta)S + 0 \bullet L$$

となる．実質的な回帰式は，$\beta_4=\beta_6=0$ とした，

$$Y = \beta_0 + \beta_1 X + \beta_2 A + \beta_3 B + 0 \bullet C + \beta_5 S + 0 \bullet L$$

になる．

これにより，回帰分析に投入する売上表を，表 3.3 のようにしてもよいことになる．

表 3.3 ダミー変数の個数を減少させた売上表

製品名	売場面積	A	B	タイプ	売上数
A	33.0	1	0	1	54
B	33.0	1	0	1	98
C	13.2	1	0	0	13
D	19.8	1	0	0	59
E	19.8	0	1	1	47
F	16.5	0	1	1	38
G	19.8	0	1	1	41
H	9.9	0	1	0	26
I	19.8	0	0	1	54
J	3.3	0	0	1	6
K	23.1	0	0	0	68
L	9.9	0	0	0	23
M	9.9	0	0	0	5

このデータに「分析ツール」の「回帰分析」を適用すれば，次の結果を得る．

概要						
	回帰統計					
重相関 R	0.884834508					
重決定 R2	0.782932106					
補正 R2	0.674398159					
標準誤差	15.2213914					
観測数	13					
分散分析表						
	自由度	変動	分散	測された分散	有意 F	
回帰	4	6685.397029	1671.349257	7.213707123	0.009173058	
残差	8	1853.526048	231.690756			
合計	12	8538.923077				
	係数	標準誤差	t	P-値	下限 95%	
切片	-7.229987294	10.56298328	-0.684464522	0.513018827	-31.5882704	
売場面積	2.927496053	0.657677582	4.451263252	0.002135711	1.41088883	
A	-8.959339263	12.55586752	-0.713557964	0.495787013	-37.9132217	
B	-2.807496823	10.40856591	-0.269729456	0.794195361	-26.8096928	
タイプ	-0.532401525	9.159872259	-0.058123248	0.955076049	-21.6551048	

回帰分析で得た回帰係数から，回帰式は

$Y=-7.22+2.93X-8.96A-2.81B+0\bullet C-0.53S+0\bullet L$

となる．回帰係数の値は目的変数への説明変数の絶対的な影響度を示すのではなく，回帰係数を 0（説明変数の影響度を 0）としたときの相対的なものとなる．

たとえば，回帰係数による製造会社 A, B, C の比較をする．会社 C と比較して，会社 A の製品は 8.96 個，会社 B では 2.8 個少なく売れることになる．製造会社と製品タイプの影響度を比較するならば，製造会社の違いで売上数が 6.15 の減少の差，製品タイプでは 0.53 の減少の差が生じる．これから，売上数には，製造会社による影響が大きいことがわかる．

Note ⑥

1. 特定のダミー変数の係数を 0 とするのではなく，ダミー変数全体の平均値を 0 にし，これを基準にしてダミー変数の影響度を比較することができる．基本的な考え方を，本文の例を使って説明する．回帰分析で得た切片の回帰係数が

    $\beta_0 \leftarrow m_Y - \beta_X m_X$

    となるように，

$\beta_0 = m_Y - \beta_1 m_X - \beta_2 m_A - \beta_3 m_B - 0 \bullet m_C - \beta_5 m_S - 0 \bullet m_L$

に着目して，回帰式に $\beta_1 m_X + \beta_2 m_A + \beta_3 m_B + 0 \bullet m_C + \beta_5 m_S + 0 \bullet m_L$ を加減する．λ や η は任意の値に設定できるので，λ や η の値を

$\lambda = \beta_2 m_A + \beta_3 m_B + 0 \bullet m_C$

$\eta = \beta_5 m_S + 0 \bullet m_L$

に設定し，$m_A + m_B + m_C = 1$ や $m_S + m_L = 1$ であることを利用するならば

$Y = m_Y - \beta_1 m_X + \beta_1 X + (\beta_2 - \lambda)A + (\beta_3 - \lambda)B + (0 - \lambda)C + (0 - \lambda)C + (\beta_5 - \lambda)S + (0 - \lambda)L$

を導ける．λ や η は回帰係数の重み平均なので，回帰係数の変換は簡単に計算できる．本文の例の回帰係数を変換すれば

$Y = -7.22 + 2.93X - 5.34A - 0.813B + 3.62C - 1.51S + 1.30L$

となる．

2. カテゴリ変量を説明変数とする回帰分析の詳細は，第5章の〔5.4節 回帰分析による分散分析〕で扱う．

第4章 判別分析

4.1 重回帰分析による2群データ判別

2群の判別分析では,図4.1が示しているように,各群の母集団からなる空間を平面Hにより2つの領域に分割して,説明変数の観測値がどちらの領域に属するかを判別する.2つの領域に分割する平面を**境界面**(2つの説明変数 X_1, X_2 からなる空間では**境界線**)という.

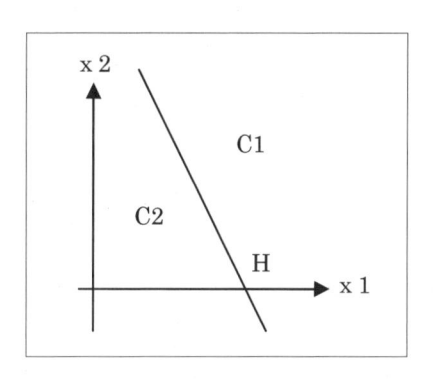

図 4.1 2群データの判別

いま,X を p 個の説明変数 $(X_1, X_2, ..., X_p)$ からなる変数とする.説明変数 X の観測値ベクトル $\mathbf{x}=[x_1, x_2, ..., x_p]^t$ が母集団 C1 に属するならば,対応する目的変数の値を 1,C2 に属するならば 0 とする.このように設定した目的変数と説明変数に対して,重回帰分析を行って得た回帰式を使って,次のように観測値 $\mathbf{x}$ の判別

を行うことができる.

$$\beta_0+\sum_{p=1}^{p}\beta_p x_p \begin{cases} >a & x\in C1 \\ <a & x\in C2 \end{cases}, \quad a>0$$

左辺の回帰式を $g(X_1,X_2,...,X_p)$ と表すならば,境界線の式は

$g(X_1,X_2,...,X_p)=a$

となる.判別の基準となる定数 a は,2 つの群の発生確率や誤判別により被る損害を考慮して設定する値であって,0.5 ならば,2 群の発生確率や損害が同程度とみなしている.したがって,誤判別に伴う損害が最小になるように a を調整する.

表 4.1 のデータに,「分析ツール」の「回帰分析」を適用して重回帰分析を行い,2 群の境界線を求めることを考える.

表 4.2 が示しているように,重相関係数が 0.997,分散分析による f 値の有意確率が 0.05 以下なので,この回帰分析は妥当であるといえる.また,回帰係数の p 値が全て 0.05 以下なので,回帰係数が全体として有効であることを示している.

表 4.1 判別データ

X_1	X_2	Y
1.33	1.728	1
1.54	1.432	1
1.77	1.585	1
1.611	1.776	1
1.685	1.414	1
1.388	1.418	1
1.588	1.639	1
1.57	1.428	1
1.045	1.213	1
5.714	5.611	0
5.856	5.375	0
5.431	5.314	0
5.57	5.937	0
5.566	5.358	0

表 4.2 Excel 分析ツールの出力

概要						
回帰統計						
重相関 R	0.996952537					
重決定 R2	0.99391436					
補正 R2	0.99280788					
標準誤差	0.042169555					
観測数	14					
分散分析表						
	自由度	変動	分散	測された分散	有意 F	
回帰	2	3.194724729	1.597362365	898.2669252	6.51155E-13	
残差	11	0.019560985	0.001778271			
合計	13	3.214285714				
	係数	標準誤差	t	P-値	下限 95%	上限 95%
切片	1.366267004	0.020642092	66.18839893	1.16123E-15	1.320834066	1.411699941
X1	-0.13246931	0.048695214	-2.72037644	0.019918047	-0.239644676	-0.02529187
X2	-0.11177874	0.050123851	-2.230051	0.047522111	-0.2221006	-0.00145689

[第4章] 判別分析

a=0.5 にして，2 つの母集団の境界を示す境界線の式を書き換えて

$$\beta_0 + \beta_1 X_1 + \beta_2 X_2 = 0.5$$

$$X_2 = \frac{0.5 - \beta_0}{\beta_2} - \frac{\beta_1 X_1}{\beta_2}$$

とする．重回帰分析結果の回帰係数の値を代入すれば，境界線の式は

$$X_2 = 7.75 - 1.19 X_1$$

となる．図 4.2 に示す直線が境界線で，点線は各母集団からの標本の平均値(**代表値**)を結んだ線である．

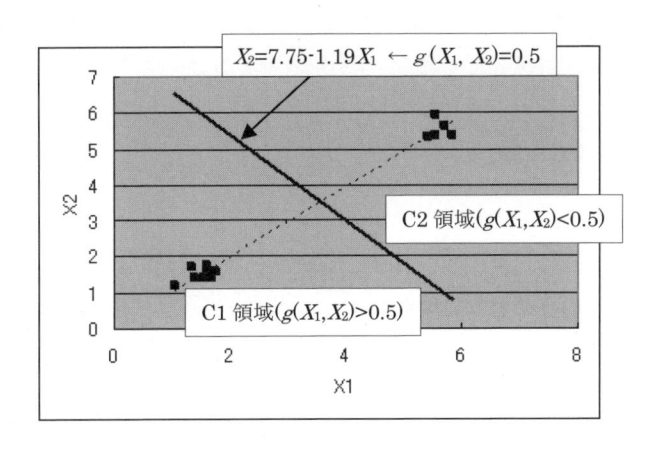

図 4.2　表 4.1 のデータの判別直線

　回帰分析による判別分析では，目的変数 Y の値を推定することが目的ではなく，分析に投入した説明変数 X の標本 **x** に対する誤判別率の低いことが求められる．さらに，投入していない未知の説明変数の観測値に対しても，低い誤判別率であることが重要となる．したがって，回帰分析に投入する標本が多数ならば，回帰分析用の標本と評価用の標本に分割して，回帰分析用の標本で求めた判別式に評価用の標本を適用して判別式の良否を決定する．

　判別式の良否は，2 つの母集団の位置関係と回帰分析に投入した標本に依存する．しかし，回帰分析に投入した標本が母集団の確率分布を忠実に反映している

（通常，データ分析ではこれが要求される）のならば，判別式の良否は母集団の位置関係とその確率分布により決定される．たとえば，2群の母集団が重なっているのであれば，誤判別率は当然高くなる．

Excel 操作 ①：重回帰分析による 2 群の判別

表 4.1 の判別データの判別を，回帰分析により行う．

(1) 「分析ツール」を使う場合

「分析ツール」のダイアログ「回帰分析」の「残差」にチェックを入れておけば，目的変数の予測値を計算してくれる．判別を表示するセルにワークシート関数

```
=if(予測値セル>0.5,1,0)
```

を入力する．これにより，回帰分析に投入した標本の判別ができる．

(2) 「分析ツール」を使わない場合

[手順1] 回帰係数の値を，セル a16:b16 に入力する．

	A	B	C	D	E
1	x_1	x_2	y	予測値	判別
2	1.33	1.728	1	0.997	1
3	1.54	1.432	1	1.002	1
4	1.77	1.585	1	0.955	1
5	1.611	1.776	1	0.954	1
6	1.685	1.414	1	0.985	1
7	1.388	1.418	1	1.024	1
8	1.588	1.639	1	0.973	1
9	1.57	1.428	1	0.999	1
10	1.045	1.213	1	1.092	1
11	5.714	5.611	0	-0.02	0
12	5.856	5.375	0	-0.01	0
13	5.431	5.314	0	0.0053	0
14	5.57	5.937	0	-0.04	0
15	5.566	5.358	0	0.03	0
16	1.366	-0.13	-0.11	←回帰係数	
17	β_0	β_1	β_2		

[第 4 章] 判別分析

手順2 説明変数の標本（セル範囲 a2:b2）に対応する d2 に回帰式

```
=$a$16+sumproduct(a2:b2,$b$16:$c$16)
```

を入力する．オートフィル機能を使って，この式をセル範囲 d3:d15 にコピーする．

手順3 説明変数の標本（セル範囲 a2:b2）に対応する e2 に判別式

```
=if(d2>0.5,1,0)
```

を入力する．オートフィル機能を使って，この式をセル範囲 e3:e15 にコピーする．

　回帰分析に投入した説明変数の標本に対する判別結果は，手順 1 の下にある表の e 列に示している．境界線を示した図 4.2 からも明らかなように，回帰分析に投入したデータに対しての誤判別率は 0 となっている．

Excel 操作 ②：重回帰分析による 3 群の判別

　回帰分析を適用して，手順1に示す表の説明変数の標本（a 列，b 列）を 3 群に判別する．まず，手順1に示す表に，母集団 C1, C2, C3 を指示する目的変数 Y_1, Y_2, Y_3 を導入する．この各目的変数に対して重回帰分析を実行する．各重回帰分析の概要を，表 4.3 に示す．

表 4.3　3 群判別のための回帰分析結果

回帰統計(Y_1)		回帰統計(Y_2)		回帰統計(Y_3)	
重相関 R	0.90570887	重相関 R	0.323777592	重相関 R	0.883455204
重決定 R2	0.820308558	重決定 R2	0.104831929	重決定 R2	0.780493097
補正 R2	0.797847127	補正 R2	-0.00706408	補正 R2	0.753054734
標準誤差	0.230647186	標準誤差	0.45400906	標準誤差	0.224820712
観測数	19	観測数	19	観測数	19

　Y_2 を目的変数とした回帰分析の決定係数が 0.104 と低いので，回帰分析投入データに対する当てはまりがよくない．Y_2 の推定量を判別分析に使用できないこと

がわかるが，目的変数の推定値から，回帰分析に投入した説明変数の標本の判別を行ってみる．最大の推定値を持つ目的変数が標本の属する母集団を決定する．

手順1 説明変数の回帰係数の値をセル範囲 a21:c23 に入力する．

	A	B	C	D	E	F	G	H	I
1	x_1	x_2	Y_1	Y_2	Y_3	推定Y_1	推定Y_2	推定Y_3	判別
2	1.33	1.73	1	0	0	1.00	-0.01	0.01	C1
3	1.54	1.43	1	0	0	0.88	0.25	-0.12	C1
4	1.77	1.59	1	0	0	0.83	0.29	-0.12	C1
5	1.61	1.78	1	0	0	0.92	0.11	-0.03	C1
6	1.68	1.41	1	0	0	0.83	0.33	-0.16	C1
7	1.39	1.42	1	0	0	0.92	0.17	-0.10	C1
8	1.59	1.64	1	0	0	0.90	0.17	-0.07	C1
9	1.57	1.43	1	0	0	0.87	0.27	-0.13	C1
10	1.05	1.21	1	0	0	1.00	0.10	-0.09	C1
11	5.71	5.61	0	1	0	0.32	0.34	0.34	C2
12	5.86	5.38	0	1	0	0.23	0.53	0.23	C2
13	5.43	5.31	0	1	0	0.36	0.34	0.30	C1
14	5.57	5.94	0	1	0	0.43	0.10	0.47	C3
15	5.57	5.36	0	1	0	0.32	0.39	0.29	C2
16	9.82	9.56	0	0	1	-0.25	0.51	0.74	C3
17	9.75	9.77	0	0	1	-0.19	0.37	0.82	C3
18	9.65	9.82	0	0	1	-0.15	0.29	0.86	C3
19	9.36	9.87	0	0	1	-0.04	0.11	0.93	C3
20	9.83	9.9	0	0	1	-0.19	0.35	0.84	C3
21	1.1	-0.3	0.19	←回帰係数(Y_1)					
22	0.16	0.53	-0.5	←回帰係数(Y_2)					
23	-0.3	-0.2	0.31	←回帰係数(Y_3)					
24	β_0	β_1	β_2						

手順2 説明変数の標本（セル範囲 a2:b2）に対応する目的変数 Y_1 の推定値を計算する回帰式

```
=$a$21+sumproduct($b$21:$c$21,a2:b2)
```

を f2 に入力する．オートフィル機能を使って，この式をセル範囲 f3:f20 にコピーする．

手順3 同様に，目的変数 Y_2 と Y_3 の推定値を計算する回帰式

```
=$a$22+sumproduct($b$22:$c$22,a2:b2)
=$a$23+sumproduct($b$23:$c$23,a2:b2)
```

を g2 と h2 に,それぞれ入力する.オートフィル機能を使って,この式をセル範囲 g3:g20 と h3:h20 にコピーする.

|手順4| セル i2 にワークシート関数

```
=if (max(f2:h2)=f2,"C1",if(max(f2:h2)=g2,"C2","C3"))
```

を入力する.オートフィル機能を使って,この式をセル範囲 i3:i20 にコピーする.

母集団 C2 の判別ができていないことがわかる.Y_2 を目的変数にした回帰分析の決定係数の値が小さく標本への当てはまりがよくないので,この回帰分析が判別に利用できないことと一致している.

|Note ①|

1. 回帰係数をもとに,母集団 C1 対 C2 と C3, C2 対 C1 と C3, C3 対 C1 と C2 の境界線を求める.これを図 4.3 に示す.Y_2 を目的変数とする重回帰分析で求めた母集団 C2 対 C1 と C3 の間の境界線による判別ができていないことがわかる.このように,重回帰分析による多群の判別の有効性は,各群の母集団の位置関係に依存する.このような位置関係にある母集団の標本の判別では,母集団 C1 対 C2 と C3 の判別式, C2 対 C3 の2つの判別式を求める.判別は,まず,C1 か否かの判別を行い,C1 でなければ,C2 対 C3 の判別式を使って判別を行う.このような判別方法を**階層的判別**と呼んでいる.

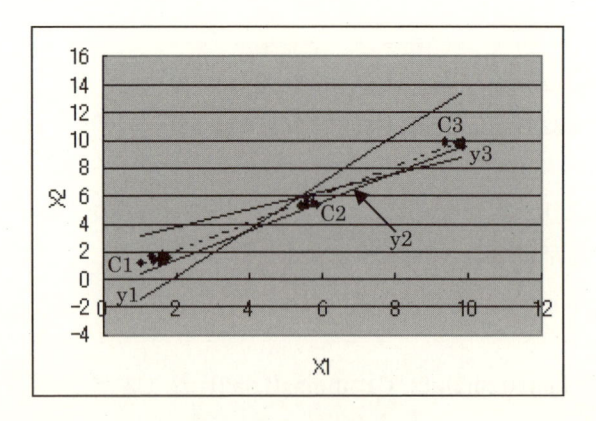

図 4.3 　 3 群の階層的判別

2. 判別における重回帰分析の性質：
   - 説明変数観測値 $\mathbf{x}_i, i=1,2,...,n$ に対する目的変数推定量の総和は 1 となる．たとえば 3 群の判別では，次のようになる．

   $$\hat{Y}_{1,i}+\hat{Y}_{2,i}+\hat{Y}_{3,i}=1, i=1,2,...,n$$

   - 回帰分析の性質から，分析に投入した標本 $y_i, i=1,...,n$ とその推定量 $\hat{y}_i, i=1,...,n$ の平均は等しい．したがって，群を指示する目的変数推定量の総和は，目的変数のクラス指示の値が 1 の個数と等しい．たとえば，3 群の判別では，次のようになる．

   $$\sum_{i=1}^{n}\hat{Y}_{1,i}=\sum_{i=1}^{n}Y_{1,i}, \quad \sum_{i=1}^{n}\hat{Y}_{2,i}=\sum_{i=1}^{n}Y_{2,i}, \quad \sum_{i=1}^{n}\hat{Y}_{3,i}=\sum_{i=1}^{n}Y_{3,i}$$

   - 境界面 H と回帰係数 $(\beta_1,\beta_2,...,\beta_p)$ を要素とするベクトルは，次のように直交する．

   $$H \perp \begin{bmatrix} \beta_1 & \beta_2 & \cdots & \beta_p \end{bmatrix}^t$$

   故に，これらの回帰係数により境界面の方向を特定できる．

4.2 線形判別器

4.1 節で,母集団の位置関係に依存して,重回帰分析による判別の良否が決まることを見た.重回帰分析では,p 個の変数 $(X_1, X_2, ..., X_p)$ からなる説明変数 X の 1 次関数である目的変数の期待値

$$E[Y] = \beta + \sum_{j=1}^{p} \beta_j X_j$$

を求めている.この期待値は説明変数の関数なので

$$E[Y|X] = \beta + \sum_{j=1}^{p} \beta_j X_j$$

と表記する.この期待値を**条件付期待値**という.期待値は確率を重みにした目的変数 Y の起こりうる値の総和なので,期待値 $E[Y|X]$ は

$$E[Y|X] = 1 \bullet p(Y=1|X) + 0 \bullet p(Y=0|X)$$

$$= p(Y=1|X) = \beta + \sum_{j=1}^{p} \beta_j X_j$$

となる.すると,確率 $p(Y=1|X)$ が負になったり,1 を超えたりするので,基準値 a を設けて,これを超えれば 1,そうでなければ 0 とすることにより,判別を 4.1 節で行った.しかし,このような規則を導入して判別ができたとしても,この問題は残る.

$p(Y=1|X)$ は,説明変数観測値 **x** が目的変数の指示する母集団 C_ℓ に属する確率を表している.この確率の推定ができるならば,p 個の説明変数 $X_1, X_2, ..., X_p$ の観測値 **x** の属する母集団を,K 群の中から

$$\text{Class}(\mathbf{x}) = \operatorname*{argmax}_{\ell \in \{1,2,...,K\}} p(Y=C_\ell | X=\mathbf{x})$$

により決定できる.これは,観測値 **x** は,その確率を最大とする母集団に属すると判別する方法であって,2 対比較

$$p(Y=C_k|X=\mathbf{x}) > p(Y=C_\ell|X=\mathbf{x}), \ell \in \{1,2,...,k-1,k+1,...,K\} \rightarrow \mathbf{x} \in C_k$$

により達成できる.

調査や実験で,確率 $p(Y=C_\ell|X=\mathbf{x})$ を得るのは難しいが,所属母集団を限定して,

その中での観測値 **x** の確率 p(X=**x**|Y=C$_\ell$) を得るのはやさしい．**ベイズの定理**によれば，p(Y=C$_\ell$|X=**x**)∝p(X=**x**|Y=C$_\ell$)p(C$_\ell$) なので，p(X=**x**|Y=C$_\ell$) と p(C$_\ell$) を使って，**x** の判別が次のようにできる．

$$\text{Class}(\mathbf{x}) = \max_{\ell \in \{1,2,\ldots,K\}} g_\ell(\mathbf{x})$$

$g_\ell(\mathbf{x})$=ln p(X=**x**|Y=C$_\ell$)+ln p(C$_\ell$)

p(**x**|Y=C$_\ell$)　　母集団 C$_\ell$ での観測値 **x** の確率

P(C$_\ell$)　　　　　母集団 C$_\ell$ の確率

線形判別器では，$g_\ell(\mathbf{x})$ を**判別関数**と呼んでいる．確率の対数は，後述する判別関数の導出に都合がよいので，これを採用している．この判別では母集団の確率の影響を受けることを考慮している．つまり，ある母集団の確率が高ければ，観測値 **x** がその母集団に属すると判別することが増えることを示している．

観測値 **x** の判別には，p(X=**x**|Y=C$_\ell$) と P(C$_\ell$) を必要とする．いま，母集団 C$_\ell$ に属する **x** が従う確率分布 p(X=**x**|Y=C$_\ell$) に，期待値 μ_ℓ と分散共分散行列 $\boldsymbol{\Sigma}_\ell$ の p 次元正規分布 $N(\mu_\ell, \boldsymbol{\Sigma}_\ell)$

$$p(X=\mathbf{x}|Y=C_\ell) = \frac{1}{(2\pi)^{p/2}|\boldsymbol{\Sigma}_\ell|^{1/2}} \exp\left[(\mathbf{x}-\mu_\ell)^t \boldsymbol{\Sigma}_\ell^{-1}(\mathbf{x}-\mu_\ell)\right]$$

を仮定する．分散共分散行列 $\boldsymbol{\Sigma}_\ell$ は p×p の行列であって，p 個の説明変数間の分散共分散

$$\boldsymbol{\Sigma}_\ell = \begin{bmatrix} \sigma^2_{X_1} & \sigma^2_{X_1 X_2} & \cdots & \sigma^2_{X_1 X_p} \\ \sigma^2_{X_2 X_1} & \sigma^2_{X_2} & \ddots & \vdots \\ \vdots & \ddots & \ddots & \vdots \\ \sigma^2_{X_p X_1} & \sigma^2_{X_p X_2} & \cdots & \sigma^2_{X_p} \end{bmatrix}$$

$\sigma^2_{X_i X_j}$　　説明変数 X_i と X_j の間の共分散

を表す．さらに，各母集団の分散共分散行列を共通の $\boldsymbol{\Sigma}_\ell = \boldsymbol{\Sigma}$, $\forall \ell$ だと仮定するならば，1 次式の判別関数

$$g_\ell(X=\mathbf{x}) = \mathbf{x}^t \boldsymbol{\Sigma}^{-1} \mu_\ell - \frac{1}{2}\mu_\ell^t \boldsymbol{\Sigma}^{-1} \mu_\ell + \ln P(C_\ell)$$

を導くことができる.この1次式の判別関数による判別器を**線形判別器**と呼んでいる.各母集団の分散共分散行列が同じとする場合の,正規分布の期待値や分散は,標本から次のように推定する.

$$P(C_\ell) = \frac{n_\ell}{n}$$

$$\mu_\ell = \frac{1}{n_\ell} \sum_{\mathbf{x} \in C_\ell}^{n_\ell} \mathbf{x}$$

$$\Sigma = \frac{1}{n-K} \sum_{\ell=1}^{K} \sum_{\mathbf{x} \in C_\ell}^{n_\ell} (\mathbf{x}-\mu_\ell)(\mathbf{x}-\mu_\ell)^t \quad (プールした分散)$$

K=母集団数

上添字 t=行と列の転置

母集団の確率 $P(C_\ell)$ は,標本が母集団を反映しているのであれば,標本の割合から推定する.また,母集団の確率に関する先験知識があれば,これを $P(C_\ell)$ にする.逆に,母集団の確率に関する情報が全くないのであれば,各母集団の確率を同じにすればよい.

Note ②

1. ベイズの定理から

$$p(Y=C_\ell | X=\mathbf{x}) = \frac{p(X=\mathbf{x}|Y=C_\ell) p(Y=C_\ell)}{p(X=\mathbf{x})}$$

が成立する. $p(X=\mathbf{x}) = \sum_{\ell=1}^{K} p(X=\mathbf{x}|Y=C_\ell) p(Y=C_\ell)$ なので, $p(X=\mathbf{x})$ は各母集団に依存していない.したがって

$$p(Y=C_\ell | X=\mathbf{x}) \propto p(X=\mathbf{x}|Y=C_\ell) p(Y=C_\ell)$$

であり, $p(Y=C_\ell | X=\mathbf{x})$ による判別を $p(X=\mathbf{x}|Y=C_\ell)$ と $p(Y=C_\ell)$ を使って行うことができる.

2. 母集団の確率が同じならば,観測値 $\mathbf{x}$ は重み付き距離 $(\mathbf{x}-\mu_k)^t \Sigma^{-1} (\mathbf{x}-\mu_k)$ が近い期待値 μ_k の母集団 C_k に属していると判別できる.

Excel 操作 ③：線形判別器による 3 群の判別

「Excel 操作 ②：重回帰分析による 3 群の判別」の標本判別を，線形判別器を使って行う．

	A	B	C	D	E		G	H	I	J	K	L	M
1	X_1	X_2	Y_1	Y_2	Y_3		共通共分散				C1共分散推定量		
2	1.33	1.73	1	0	0			X_1	X_2			X_1	X_2
3	1.54	1.43	1	0	0		X_1	0.048	0		X_1	0.044	
4	1.77	1.59	1	0	0		X_2	0	0.023		X_2	0.023	0.026
5	1.61	1.78	1	0	0								
6	1.68	1.41	1	0	0		共通共分散の逆行列				C2共分散推定量		
7	1.39	1.42	1	0	0			20.8	0			X_1	X_2
8	1.59	1.64	1	0	0			0	42.79		X_1	0.044	
9	1.57	1.43	1	0	0						X_2	0.023	0.026
10	1.05	1.21	1	0	0		説明変数標本の平均値						
11	5.71	5.61	0	1	0			X_1	X_2		C3共分散推定量		
12	5.86	5.38	0	1	0		C1	1.503	1.515			X_1	X_2
13	5.43	5.31	0	1	0		C2	5.627	5.519		X_1	0.032	
14	5.57	5.94	0	1	0		C3	9.682	9.784		X_2	−0	0.002
15	5.57	5.36	0	1	0								
16	9.82	9.56	0	0	1		母集団確率推定量						
17	9.75	9.77	0	0	1		C1	0.474					
18	9.65	9.82	0	0	1		C2	0.263					
19	9.36	9.87	0	0	1		C3	0.263					
20	9.83	9.9	0	0	1								

手順1 「分析ツール」の「共分散」を使って，各母集団の説明変数観測値の分散をセル k2, k7, k12 に求める．

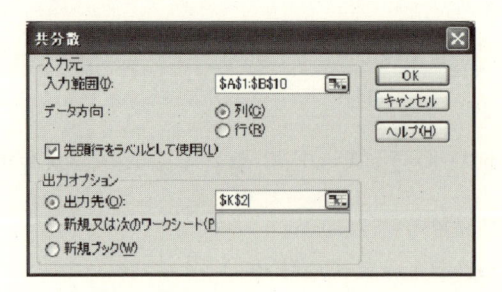

手順2 各母集団の分散の推定量 Σ_k から，共通の対角分散行列 Σ （プールした分散）を計算する式を，次の各セルに入力する．

① セル h3

=(L3*countif(\$c\$2:\$c\$20,1)+L8*countif(\$d\$2:\$d\$20,1)+L13*count if(e2:e20,1))/(count(a2:a20)-3)

② セル i4
=(m4*countif(c2:c20,1)+m9*countif(d2:d20,1)+m14*countif(e2:e20,1))/(count(a2:a20)-3)

③ セル h4, i3
セル h3, i4 と同様の式を入力しなければならないが，0 を入力する．つまり，2 変数が互いに統計的独立であると仮定する．

|手順3| ワークシート関数 minverse を使って，分散共分散の逆行列 Σ^{-1} を求める．

① セル範囲 h7:i8 を範囲選択する．
② =minverse(h3:i4)を入力して，「Ctrl」と「Shift」を順次押した状態で，「Enter」キーを押す(これは，Excel による行列計算の典型的な手順である)．

|手順4| 各母集団標本の平均値 μ_k を求める．次の各セルにワークシート関数を入力する．

```
セル h12   =average(a2:a10)
セル i12   =average(b2:b10)
セル h13   =average(a11:a15)
セル i13   =average(b11:b15)
セル h14   =average(a16:a20)
セル i14   =average(b16:b20)
```

|手順5| 次の各セルに，判別関数

$$g_\ell(\mathbf{x}) = \mathbf{x}^t \Sigma^{-1} \mu_\ell - \frac{1}{2} \mu_\ell^t \Sigma^{-1} \mu_\ell + \ln P(C_\ell)$$

に相当する式を入力して，「Ctrl」と「Shift」を順次押した状態で，「Enter」キーを押す．

① セル c27

=mmult(a27:b27,mmult(h7:i8,transpose(h12:i12)))-0.5*mmult(h12:i12,mmult(h7:i8,transpose(h12:i12)))+ln(9/19)

② セル d27

=mmult(a27:b27,mmult(h7:i8,transpose(h13:i13)))-0.5*mmult(h13:i13,mmult(h7:i8,transpose($H$13:$I$13)))+ln(5/19)

③ セル e27

=mmult(A27:B27,mmult($H$7:$I$8,transpose($H$14:$I$14)))-0.5*mmult(h14:i14,mmult(h7:i8,transpose(h14:i14)))+ln(5/19)

④ セル範囲 c27:e27 を選択して，この範囲の式をオートフィル機能により，セル範囲 c28:e45 にコピーする．

	A	B	C	D	E	F
26	X_1	X_2	Y_1	Y_2	Y_3	判別
27	1.33	1.73	80.266	-418.6	-2033	C1
28	1.54	1.43	67.628	-463.9	-2115	C1
29	1.77	1.59	84.752	-400.8	-2004	C1
30	1.61	1.78	92.163	-374.3	-1956	C1
31	1.68	1.41	71.017	-451.1	-2093	C1
32	1.39	1.42	61.989	-485	-2151	C1
33	1.59	1.64	82.542	-409.4	-2018	C1
34	1.57	1.43	68.305	-461.4	-2110	C1
35	1.05	1.21	37.991	-573.5	-2306	C1
36	5.71	5.61	469.02	1011.5	475.52	C2
37	5.86	5.38	458.18	972.51	405.5	C2
38	5.43	5.31	440.93	908.33	294.32	C2
39	5.57	5.94	485.64	1071.6	582.95	C2
40	5.57	5.36	448	934.5	339.9	C2
41	9.82	9.56	853.18	2424	2954.3	C3
42	9.75	9.77	865.2	2467.6	3032	C3
43	9.65	9.82	865.13	2467	3031.6	C3
44	9.36	9.87	859	2443.8	2992.2	C3
45	9.83	9.9	875.29	2504.6	3097.1	C3

手順6 セル f27 にワークシート関数

=if(max(c27:e27)=c27,"C1",if(max(c27:e27)=d27,"C2","C3"))

を入力する．セル f27 を選択して，このセルのワークシート関数をセル範囲 f28:f45 にコピーする．

「Excel 操作 ②：重回帰分析による 3 群の判別」では判別ができていなかったが，判別に使う確率分布 p(X=**x**|Y=C$_\ell$) の推定に投入した標本に対する誤判別はない．

4.2.1 境界線

母集団 C$_k$ と C$_\ell$ の 2 群判別をする境界面 H 上の **x** は，$g_k(X$=**x**$)=g_\ell(X$=**x**$)$ を満たすので，境界面の式は

$$\ln\frac{p(X|Y=C_k)}{p(X|Y=C_\ell)}+\ln\frac{P(C_k)}{P(C_\ell)}=0$$

となる．

母集団 C$_\ell$ の p(X=**x**|Y=C$_\ell$) に p 次元正規分布を，そして，$N(\mu_\ell, \Sigma_\ell)$，各母集団の分散共分散行列を共通に Σ_ℓ=Σ，$\forall \ell$ だと仮定するならば，判別関数は

$$g_\ell(X=\mathbf{x})=\mathbf{x}^t\Sigma^{-1}\mu_\ell-\frac{1}{2}\mu_\ell^t\Sigma^{-1}\mu_\ell+\ln P(C_\ell)$$

なので，境界面の式は 1 次式 $\alpha_0+\sum_{j=1}^{p}\alpha_j X_j=0$ で表すことができる．境界面の式の係数を $g_k(X)=g_\ell(X)$ から求めれば

$$\alpha_0=\frac{1}{2}(\mu_\ell \Sigma^{-1}\mu_\ell - \mu_k^t \Sigma^{-1}\mu_k)$$

$$\alpha=\Sigma^{-1}(\mu_k-\mu_\ell)$$

となる．

2 群の標本数が n1 と n2 の 2 群判別において，所属する群を指示する目的変数の値 1 と 0 を n/n1 と -n/n2 にして重回帰分析を行えば，境界面の方向，つまり，回帰係数 $\beta_1, \beta_2, ... \beta_p$ を要素とするベクトルの方向は線形判別器の $\alpha_1, \alpha_2, ... \alpha_p$ を要素とするベクトルと同じになることがわかっている．したがって，重回帰分析により回帰係数 $\beta_1, \beta_2, ... \beta_p$ を求め，次に，誤判別率を最小にする β_0 を求めれば，線形判別器を得る．

Excel 操作 ④：ソルバーによる境界線の計算

線形判別器による 3 群の判別する境界線の式は，$g_1(\mathbf{x})-g_2(\mathbf{x})=0$ や $g_2(\mathbf{x})-g_3(\mathbf{x})=0$ から変数 X_2 を X_1 の関数で表すことにより導けるが，Excel のソルバーを使って，境界線を数値解析により求めることもできる．次のソルバーの操作手順では，変数 X_1 の各値に対して，$|g_1(\mathbf{x})-g_2(\mathbf{x})|$ や $|g_2(\mathbf{x})-g_3(\mathbf{x})|$ を目的関数にして，$|g_1(\mathbf{x})-g_2(\mathbf{x})|=0.001$（C1 と C2 の境界線）や $|g_2(\mathbf{x})-g_3(\mathbf{x})|=0.001$（C2 と C3 の境界線）となる変数 X_2 の値を求めている．ソルバーは最適アルゴリズムを使って近似解を求めているので，境界線の近似である 0.001 が最適解の精度を決定する．

	A	B	C	D	E	F
48	X_1	X_2	Y_1	Y_2	Y_3	Y_{12}
49	0	5.3	270.58	270.58	-803	0.001
50	0.5	5.05	269.98	269.99	-807.1	0.001
51	1	4.8	269.39	269.39	-811.2	0.001
52	1.5	4.55	268.79	268.79	-815.4	0.001
53	2	4.3	268.19	268.19	-819.5	0.001
54	2.5	4.05	267.6	267.6	-823.6	0.001
55	3	3.8	267	267	-827.7	0.001
56	3.5	3.55	266.4	266.4	-831.8	0.001
57	4	3.3	265.81	265.81	-835.9	0.001
58	4.5	3.05	265.21	265.21	-840.1	0.001
59	5	2.8	264.61	264.61	-844.2	0.001
60	5.5	2.55	264.01	264.01	-848.3	0.001
61	6	2.3	263.42	263.42	-852.4	0.001
62	6.5	2.05	262.82	262.82	-856.5	0.001
63	7	1.8	262.22	262.22	-860.6	0.001
64	7.5	1.55	261.63	261.63	-864.7	0.001
65	8	1.3	261.03	261.03	-868.9	0.001
66	8.5	1.05	260.43	260.43	-873	0.001
67	9	0.8	259.84	259.84	-877.1	0.001
68	9.5	0.55	259.24	259.24	-881.2	0.001
69	10	0.3	258.64	258.64	-885.3	0.001

手順1 セル範囲 a49:a69 に 0, 0.5, 1.0, … , 10 と入力する．
手順2 セル範囲 c49:e49 に，「Excel 操作 ③：線形判別器による 3 群の判別」の「手順 5」のように，判別関数

$$g_\ell(\mathbf{x}) = \mathbf{x}^t \Sigma^{-1} \mu_\ell - \frac{1}{2}\mu_\ell^t \Sigma^{-1} \mu_\ell + \ln P(C_\ell)$$

に相当する式を入力して,「Ctrl」と「Shift」を順次押した状態で,「Enter」キーを押す.

|手順3| セル範囲 c49:e49 を選択して,この範囲のワークシート関数をオートフィル機能により,セル範囲 c50:e69 にコピーする.

|手順4| セル f49 にワークシート関数

=abs(c49-d49)

を入力して,オートフィル機能を使って,この式をセル範囲 f50:f69 にコピーする.

|手順5| メニュー「ツール」をクリックして,ドロップダウンメニューの「ソルバー」を選択する.ダイアログ「ソルバー:パラメータ設定」で次のように設定して,「実行」ボタンをクリックする.

目的セル	f49
変化させるセル	b49
目標値	値 0.001

|手順6| 目的セルの値が 0.001 になる X_2 の値が見つかれば,次のようなダイアロ

グが表示される．「OK」ボタンをクリックして，「変化させるセル」で指定したセルに X_2 の最適解を入力する．

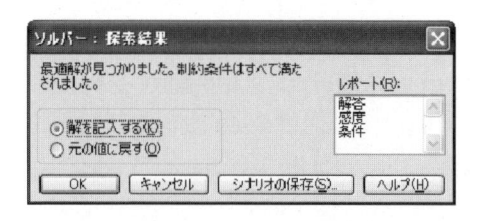

手順7 「手順5」と「手順6」を繰り返して，セル a50:a69 に対する X_2 の最適解を求める（この操作は，マクロ記録した VBA プログラムを使えば省力化できる）．

手順8 求めた境界線を表示する．
① 線形判別器による3群の判別に投入した観測値と先頭行のラベルを含めて，セル範囲 a1:b20 を選択する．
② 「グラフウィザード」ボタン をクリックして，ダイアログ「グラフウィザード-1/4-グラフの種類」を表示する．「散布図」を選択して「完了」ボタンをクリックする．グラフオブジェクトが表示される．
③ グラフオブジェクトを右クリックして，クイックメニューの「元のデータ」を選択する．ダイアログ「元のデータ」が表示される．
④ ダイアログ「元のデータ」のタブ「系列」の「追加」ボタンをクリックする．「Xの値」のセル選択ボタン をクリックして，a49:a69 を範囲選択する．同様に，「Yの値」の範囲 b49:b69 を選択する（境界線データはワークシート「3群線形判別器」にあるとしている）．
⑤ ダイアログ「元のデータ」の「OK」ボタンをクリックする．

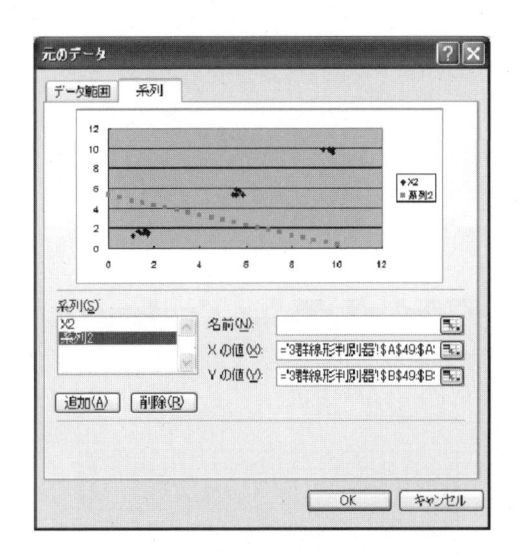

⑥ 母集団 C1 と C2 の境界線散布図が表示される．
⑦ グラフオブジェクトの境界線を構成するデータ系列（点）を右クリックして，クイックメニューの「データ系列の書式設定」を選択する．ダイアログ「データ系列の書式設定」が表示される．

⑧ ダイアログ「データ系列の書式設定」で次のように設定して，「OK」ボタンをクリックする．

```
線        自動
マーカー   なし
```

⑨ 新規のデータ系列として追加した C1 と C2 の境界線が表示される．

手順9 C2 と C3 の境界線も，同様の操作で表示する．

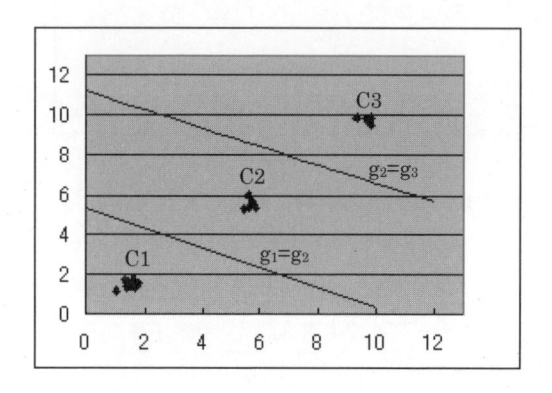

$g_1(\mathbf{x})=g_2(\mathbf{x})$ による境界線が母集団 C1 対 C2，$g_2(\mathbf{x})=g_3(\mathbf{x})$ が C3 対 C2 の判別をする．線形判別器は分析に投入した標本を誤判別していないことがわかる．

Note ③

1. 図 4.4 からわかるように，確率分布 $p(X=\mathrm{x}|Y=\mathrm{C}_1)$ と $p(X=\mathrm{x}|Y=\mathrm{C}_2)$ の母集団の期待値（母平均）が互いに離れていて，さらに，各分散 σ_1 と σ_2 が小さければ，観測値 x が属する母集団の誤判別は低くなる．したがって，このような状況になるように，観測値 x の変換後，判別を実行することが考えられる．これが Fisher 線形判別器である．

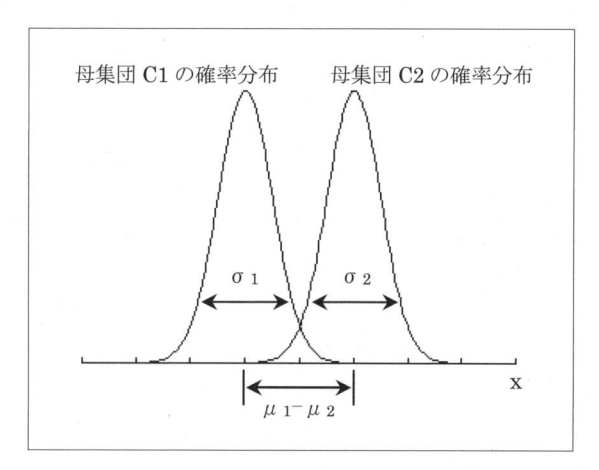

図 4.4 Fisher 線形判別器の考え方

$X_1, X_2, ..., X_p$ の変数 Z への変換を

$$Z = \sum_{j=1}^{p} \gamma_j X_j$$

とする．この変換は，ベクトル $[\gamma_1 \ \gamma_2 \ \cdots \ \gamma_p]^t$ に観測値 **x** を投影していることになる．

投影後の母平均推定値 $\bar{z}_\ell$ が，互いに離れている尺度として，変動

$$S_B = \sum_{\ell=1}^{2} n_\ell (\bar{z}_\ell - \bar{z})^2$$

を使う．ただし

$$\bar{z} = \frac{1}{n} \sum_{i=1}^{n} z_i$$

$$\bar{z}_\ell = \frac{1}{n_\ell} \sum_{z \in C_\ell} z$$

とする．

変換後の Z の総変動 S_T は

総変動(S_T)=群間変動(S_B)+群内変動(S_W)

のように分解できる．ただし

$$S_W = \sum_{\ell=1}^{2} \sum_{z \in C_\ell} (z - \bar{z}_\ell)^2$$

$$S_T = \sum_{i=1}^{n} (z_i - \bar{z})^2$$

とする.したがって,変換後の各母集団の平均値(母平均推定値)ができるだけ離れ,さらに,各分散ができるだけ小さくなるためには

$$\underset{\gamma_1, \gamma_2, \ldots \gamma_p}{\mathrm{argmax}} \frac{S_B}{S_W}$$

となる γ_1 γ_2 $\cdots$ γ_p を求めればよい.この最適解は

$$\gamma = (n-2)^{-1} \Sigma^{-1} (\mu_1 - \mu_2)$$

である.したがって,線形判別器と重回帰分析の関係からわかるように,2 群判別の場合には,重回帰分析で得た回帰係数を要素とするベクトルに投影すれば,母集団の分離が最適解の意味において大きくなる.

2. 説明変数の個数が増えた場合の境界面は,平面ではなく複雑な曲面となる場合が多い.このような場合には,**主成分分析**や**正準相関分析**により,説明変数の個数を減少させる変換手法がある.また,複雑な曲面に対処するには,説明変数の 1 次関数ではなく,多項式のような基底関数を使った**非線形回帰**や**加法モデル**がある.その他の複雑な曲面に対処する手法として,**k 最近傍法**,**樹木モデル**,**カーネル法**などがある.

4.3 ロジスティック回帰による 2 群判別

4.3.1 最尤推定法

2 群判別をする線形判別器では,ベイズの定理を使って,$p(X=\mathbf{x}|Y=1)$ から確率分布 $p(Y=1|X=\mathbf{x})$ を求めて判別関数を得た.ロジスティック回帰による判別では,値 0 と 1 によりクラス指示をする変数 Y の確率分布 $p(Y=1|X=\mathbf{x})$ に,**ベルヌーイ分布**である 2 項分布 $B(1, p_1)$

$$p(Y=y|X=\mathbf{x}) = p_1^y (1-p_1)^{1-y}$$

を仮定する．標本から説明変数 X に依存する 2 分布の期待値 p_1

$$E[Y|X] = 1\bullet p(Y=1|X=\mathbf{x}) + 0\bullet p(Y=0|X=\mathbf{x}) = p(Y=1|X=\mathbf{x}) = p_1(X=\mathbf{x})$$

を求めることができれば

$$\ln\frac{p(Y=1|X=\mathbf{x})}{p(Y=0|X=\mathbf{x})} = \ln\frac{p_1(X=\mathbf{x})}{1-p_1(X=\mathbf{x})}$$

の正負により 2 群の判別が可能となる．ここで，2 群の境界面を 1 次式で表すことができるとして，その式を

$$\ln\frac{p_1(X=\mathbf{x})}{1-p_1(X=\mathbf{x})} = \beta_0 + \sum_{j=1}^{p}\beta_j X_j = 0$$

とする．2 群の確率比の対数を **logit 関数**と呼び

$$\text{logit}(p_1(X=\mathbf{x})) = \log\frac{p_1(X=\mathbf{x})}{1-p_1(X=\mathbf{x})} = \beta_0 + \sum_{j=1}^{p}\beta_j X_j$$

と表記する．この 1 次式を使えば

$$p_1(X) = \frac{\exp\left(\beta_0 + \sum_{j=1}^{p}\beta_j X_j\right)}{1+\exp\left(\beta_0 + \sum_{j=1}^{p}\beta_j X_j\right)}$$

$$p(Y=0|X) = 1-p_1(X) = \frac{1}{1+\exp\left(\beta_0 + \sum_{j=1}^{p}\beta_j X_j\right)}$$

と表すことができる．回帰係数 $\beta_0, \beta_2, ..., \beta_p$ を標本から求めることができれば，2 項分布の期待値を得たことになり，判別が可能となる．これがロジスティック回帰である．

目的変数が 2 項分布なので，線形回帰分析を使って回帰係数を求めることはできない．求めたとしても，目的変数に関する仮定が

・正規分布

・分散は定数

ではなく

・2項分布

・分散は$p(Y=1|X)(1-p(Y=1|X))$なので，定数ではない

ので，線形回帰分析の回帰係数に関する検定手法は利用できない．

ロジスティック回帰では，最小2乗法ではなく，**最尤推定法**により回帰係数$\beta_0, \beta_1, \ldots, \beta_p$を求める．最尤推定法は，標本が互いに統計的独立であると仮定して，次の式が示しているように，回帰に投入する標本の確率を全体として最大にする回帰係数を求める手法である．

$$\max_{\beta_0, \beta_2, \ldots, \beta_p} \prod_{i=1}^n p(Y=y_i | X=\mathbf{x}_i) = \max_{\beta_0, \beta_2, \ldots, \beta_p} \sum_{i=1}^n \ln(p(Y=y_i | X=\mathbf{x}_i))$$

最尤推定法では，標本の確率は，その標本を生み出す尤もな分布の度合いを表す指標であると考える．確率の対数を取っている理由は，回帰係数を求める式の導出に都合がよいことによる．このような考え方の確率を**尤度**，その対数を**対数尤度**と呼び，$LL(\beta | y_1, y_2, \ldots y_n)$と表記する．

ベルヌーイ分布となる2項分布$B(1, p_1)$に従う標本の対数尤度は

$$LL(\beta | y_1, y_2, \ldots y_n) = \sum_{i=1}^n (y_i \ln p_1(\mathbf{x}_i) + (1-y_i) \ln(1-p_1(\mathbf{x}_i)))$$

である．最尤推定法による回帰係数の推定量は，回帰係数$\beta_0, \beta_1, \ldots, \beta_p$による対数尤度の偏微分を0とする，回帰係数に関する連立方程式から求める．しかし，解の式は非線形となるので，数値解析的手法により推定量を求める．Excelの「ソルバー」機能がこれに相当する．

> Note ④
>
> 1. 説明変数が正規分布に従う場合の対数尤度は
>
> $$LL(\mu, \varsigma^2 | y_1, y_2, \ldots y_n) = -\frac{n}{2} \ln(2\pi\sigma^2) - \frac{1}{2\sigma^2} \sum_{i=1}^n (y_i - \mu)^2$$
>
> となる．これから，期待値μを$\mu = \beta_0 + \beta_1 X_1 + \ldots + \beta_p X_p$と仮定して，分散を定数とするならば，この対数尤度を最大にする回帰係数を求める最尤推定法が最小2乗法になる

ことがわかる．

Excel 操作 ⑤：ソルバーによる 2 群の判別

「Excel 操作 ①：重回帰分析による 2 群の判別」で使った標本の 2 群判別する境界面を，最尤推定法により求める．最尤推定法は Excel のソルバーを使って行う．完全分離している標本なので，ソルバーの最適解を求める過程で $p(Y=1|X=\mathbf{x})$ が 0 と 1 に近づくため，ワークシート関数の指数関数 exp や対数関数 ln の計算可能な領域を外れる．そのため，それに対処する式をセルに入力しているので，収束した解は判別を可能とする境界面の 1 つであって，唯一ではない．したがって，回帰係数の値そのものに意味はない．

手順1 セル f2 に

=if(i2+i3*a2+i4*b2>700,700, i2+i3*a2+i4*b2)

を入力する．関数 if は指数関数 exp でのオーバーフローに対処しているためのものである．オートフィル機能を使ってセル範囲 f3:f15 にセル f2 の式をコピーする．

手順2 セル e2 に

$$p(Y=1|X)=\frac{\exp\left(\beta_0+\sum_{j=1}^{p}\beta_j X_j\right)}{1+\exp\left(\beta_0+\sum_{j=1}^{p}\beta_j X_j\right)}$$

に対応した式

=exp(f2)/(1+exp(f2))

を入力する．この式をオートフィル機能を使ってセル e3:e10 にコピーす

る．セル e11 に式

```
=if(exp(f11)>=1e+304,0.9999,exp(f11)/(1+exp(f11)))
```

を入力する．if 関数により対数関数 ln でのオーバーフローに対処している．セル e11 の式を，セル e12:e15 にオートフィル機能を使ってコピーする．セル e1 の p1 は，$p(Y=1|X)$ の略記である．

	A	B	C	D	E	F	G	H	I
1	X_1	X_2	Y	尤度	p1	temp		回帰係数	
2	1.33	1.73	1	-1.57E-13	1	29.5		β_0	51.02
3	1.54	1.43	1	-1.84E-13	1	29.3		β_1	-8.798
4	1.77	1.59	1	-3.34E-12	1	26.4		β_2	-5.689
5	1.61	1.78	1	-2.44E-12	1	26.7		対数尤度	-1E-11
6	1.68	1.41	1	-5.96E-13	1	28.1			
7	1.39	1.42	1	-4.46E-14	1	30.7			
8	1.59	1.64	1	-9.13E-13	1	27.7			
9	1.57	1.43	1	-2.34E-13	1	29.1			
10	1.05	1.21	1	-6.66E-16	1	34.9			
11	5.71	5.61	0	-2.88E-14	3E-14	-31			
12	5.86	5.38	0	-3.16E-14	3E-14	-31			
13	5.43	5.31	0	-1.89E-12	2E-12	-27			
14	5.57	5.94	0	-1.61E-14	2E-14	-32			
15	5.57	5.36	0	-4.47E-13	4E-13	-28			

手順3 セル d2 に $\ln(p(Y=1|X=\mathbf{x}_i))$ に対応した式

```
=ln(e2)
```

を入力する．セル d2 を選択し，オートフィル機能を使って，このセルの式を，セル d3:d10 にコピーする．さらに，セル d11 に $\ln(1-p(Y=1|X=\mathbf{x}_i))$ に対応する式

```
=ln(1-e11)
```

を入力する．セル d11 を選択し，オートフィル機能を使って，式をセル d12:d15 にコピーする．

[第4章] 判別分析

手順4 セル i5 に，式

=sum(d2:d15)

を入力する．

手順5 セル i2:i4 に，回帰係数の初期値 0 を入力する．

手順6 メニュー「ツール」から「ソルバー」を選択する．ダイアログ「ソルバー：パラメータ設定」で，次のように設定して，「実行」ボタンをクリックする．

目的セル	i5
値	0
変化させるセル	i2:i4

手順7 ダイアログ「ソルバー：探索結果」が表示され，「OK」ボタンをクリックする．回帰係数がワークシートに表示される．

回帰係数から境界線の式は

$$\beta_0 + \sum_{j=1}^{2} \beta_j X_j = 0 \quad \rightarrow \quad X_2 = 8.96 - 1.55 X_1$$

となる．次の図に，分析に投入した標本と境界線を示す．

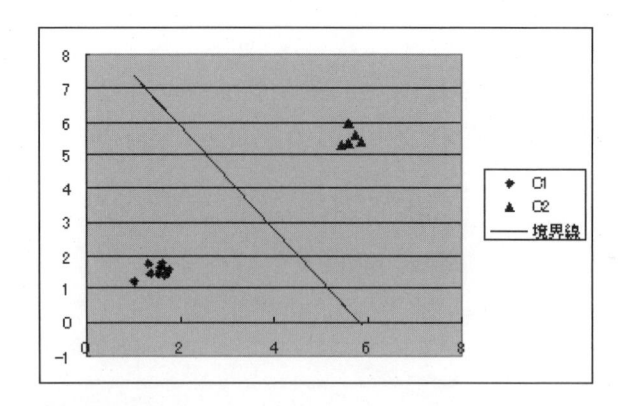

4.3.2 分析の適合度

判別分析の場合には,回帰分析に投入した標本と投入していない標本の誤判別が少なければ,その結果としての判別式を受け入れる.しかし,できるだけ説明変数の個数は少ないほうがよい.

線形回帰分析では,標本への当てはまりの度合いを表す調整済み決定係数(**適合度**)を使って,回帰分析に投入する説明変数の組み合わせの比較をすることができる.判別分析では,対数尤度の差の2倍

$$\Delta_{p_1p_2} = 2(LL_{p_2}(\beta_0,\beta_1,...,\beta_{p_1}|y_1,y_2,...y_n) - LL_{p_1}(\beta'_0,\beta'_1,...,\beta'_{p_2}|y_1,y_2,...y_n))$$

　　p_1, p_2　説明変数の数 $(p_2 > p_1)$

が適合度にあたる.

統計量 $\Delta_{p_1p_2} > 0$ は,自由度 $p_2 - p_1$ のカイ2乗分布 $\chi^2(p_2-p_1)$ にしたがうことがわかっている.

　　$\Delta_{p_1p_2} \sim \chi^2(p_2-p_1)$,　$p_1 < p_2$

この分布を使って,帰無仮説 H_0

　　H_0：p_2 個と p_1 個の判別式による判別分析に差はない

ことの検定ができる.つまり,対数尤度の差 $\Delta_{p_1p_2}$ を,カイ2乗分布 $\chi^2(p_2-p_1)$ の上側5%点($\chi^2_{0.05}$)と比較して

　　$\Delta_{p_1p_2} > \chi^2_{0.05}$　→　帰無仮説の棄却

とする.したがって,帰無仮説の棄却ができないならば,帰無仮説を受け入れて,

p_1 個の説明変数による判別分析を採択する.ただし,p_1 個の説明変数は p_2 個の説明変数に含まれていることが前提である.

Note ⑤

1. 最尤推定法では,**尤離度 D (Deviance)** が線形回帰分析の決定係数にあたる.目的変数 Y_i が 2 項分布 $B(n_i, p_i)$ に従う場合の尤離度は,説明変数に依存する 2 項分布のパラメータ $p_i = p_1(X_i = \mathbf{x}_i)$ を

$$p_i = \frac{y_i}{n_i}$$

とする対数尤度と,回帰分析で得た推定量 $\hat{p}_i$ をパラメータ $p_1(X = \mathbf{x})$ とする対数尤度の差

$$D = 2\sum_{i=1}^{n}\left(y_i \ln\left(\frac{y_i}{n_i}\right) + (n_i - y_i)\ln\left(1 - \frac{y_i}{n_i}\right) - y\ln\hat{p}_i - \ln(1-\hat{p}_i))\right)$$

で与えられる.

目的変数が 2 項分布に従う場合に尤離度を適用するには,説明変数の各値での標本数 n_i が多いことが前提条件である.判別分析では $n_i = 1$ なので,この条件が満たされていない.したがって,適合度の尺度として尤離度を使えない.

決定係数のような絶対的尺度ではないが,**尤離度の差**を使った相対的な尺度がある.その尺度による検定では,説明変数の個数が p_1 と $p_2 (>p_1)$ 個の 2 つの判別分析の尤離度の差

$$\Delta_{p_1 p_2} = D_{p_2}(\beta_0, \beta_1, ..., \beta_{p_1} | y_1, y_2, ... y_n) - D_{p_1}(\beta'_0, \beta'_1, ..., \beta'_{p_2} | y_1, y_2, ... y_n)$$

が小さければ,p_1 個の説明変数による判別分析を採用することになる.

2 項分布では,尤離度の差は対数尤度の差の 2 倍と等しくなるので

$$\Delta_{p_1 p_2} = 2(LL_{p_2}(\beta_0, \beta_1, ..., \beta_{p_1} | y_1, y_2, ... y_n) - LL_{p_1}(\beta'_0, \beta'_1, ..., \beta'_{p_2} | y_1, y_2, ... y_n))$$

を判別分析の適合度の検定に使うことができる.

Excel 操作 ⑥：説明変数の選択

(1) 「Excel 操作⑤：ソルバーによる 2 群の判別」の，X_1 と X_2 による判別分析と，説明変数 X_1 のみによる判別分析とを比較する．X_1 のみによる標本に Excel の「ソルバー」を適用する．その最適解を次に示す．

M	N	O	P	Q	R	S	T
X_1	Y	尤度	p1	temp		回帰係数	
1.33	1	0	1	70.9824		β_0	102.46
1.54	1	0	1	66.029		β_1	-23.66
1.77	1	0	1	60.5772		対数尤度	-5E-12
1.61	1	0	1	64.3412			
1.68	1	0	1	62.5985			
1.39	1	0	1	69.6285			
1.59	1	0	1	64.8824			
1.57	1	0	1	65.3164			
1.05	1	0	1	77.7349			
5.71	0	-0	6E-15	-32.749			
5.86	0	-0	2E-16	-36.094			
5.43	0	-0	5E-12	-26.039			
5.57	0	-0	2E-13	-29.325			
5.57	0	-0	2E-13	-29.239			

説明変数 X_1 のみによる判別分析と，X_1 と X_2 による判別分析の尤離度の差が 0 に近いので，帰無仮説を棄却できない．したがって，説明変数 X_2 は判別に重要ではない．この結果は，標本の散布図の観察による結果「X_2 だけを使って判別ができる」と一致している．計算結果では Δ_{p1p2} が負となっているが，これは計算誤差による．

(2) 下の図で示すような 2 群が完全に分離している標本に「ソルバー」を適用して判別分析を行う．

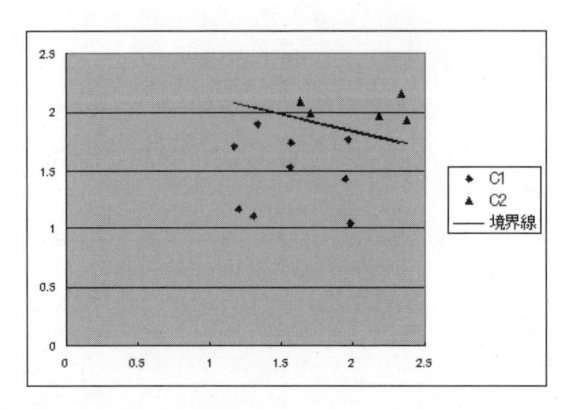

[第 4 章] 判別分析

図で示した判別データと,「ソルバー」が求めた回帰係数の値を次に示す.

	A	B	C	D	E	F	G	H
1	X_1	X_2	Y	尤度	p1	temp	回帰係数	
2	1.56	1.52	1	0	1	137	β_0	755.2563
3	1.97	1.77	1	-0	1	24.7	β_1	-90.0708
4	1.98	1.05	1	0	1	248	β_2	-313.285
5	1.3	1.11	1	0	1	290	対数尤度	-1E-09
6	1.95	1.42	1	0	1	134		
7	1.17	1.71	1	0	1	114		
8	1.34	1.9	1	0	1	38.8		
9	1.2	1.17	1	0	1	281		
10	1.57	1.74	1	0	1	70.4		
11	1.7	1.99	0	-0	9.9E-10	-21		
12	2.18	1.96	0	0	3.8E-25	-56		
13	2.37	1.93	0	0	1.2E-27	-62		
14	1.63	2.09	0	0	4.1E-21	-47		
15	2.33	2.14	0	0	1.1E-55	-127		

この標本に対する説明変数 X_2 の必要性について調べるため,説明変数 X_1 のデータと,「ソルバー」が求めた回帰係数の値を次に示す.

M	N	O	P	Q	R	S	T
X_1	Y	尤度	p1	temp		回帰係数	
1.56	1	-0.2	1	1.627		β_0	8.1834
1.97	1	-0.7	0	-0.08		β_1	-4.203
1.98	1	-0.8	0	-0.14		対数尤度	-6.338
1.3	1	-0.1	1	2.699			
1.95	1	-0.7	0	-0.02			
1.17	1	-0	1	3.263			
1.34	1	-0.1	1	2.55			
1.2	1	-0	1	3.145			
1.57	1	-0.2	1	1.591			
1.7	0	-1.3	1	1.031			
2.18	0	-0.3	0	-0.99			
2.37	0	-0.2	0	-1.79			
1.63	0	-1.6	1	1.323			
2.33	0	-0.2	0	-1.61			

説明変数 X_1 と X_2 による判別分析と,説明変数 X_1 のみによる判別分析の対数尤度の差の 2 倍が Δ_{p1p2}=12.7 なので,ワークシート関数=chiinv(0.05,1)により得た自由度 1 のカイ 2 乗分布 $\chi^2(1)$ の上側 5%点($\chi^2_{0.05}$=3.841)と比較して,これは大きい.したがって,帰無仮説の棄却となり,判別分析には説明変数 X_2 が必要であることがわかる.

さらに,説明変数 X_1 について同様の検定を行った結果を次に示す.

M	N	O	P	Q	R	S	T
$\bar{X}_z$	Y	尤度	p1	temp		回帰係数	
1.524	1	0	1	700		β_0	14412
1.767	1	0	1	700		β_1	-7491
1.048	1	0	1	700		対数尤度	-1E-08
1.109	1	0	1	700			
1.423	1	0	1	700			
1.711	1	0	1	700			
1.902	1	0	1	167.1			
1.169	1	0	1	700			
1.735	1	0	1	700			
1.988	0	0	0	-478			
1.963	0	0	0	-293			
1.926	0	-0	0	-18.3			
2.091	0	0	0	-1255			
2.145	0	0	0	-1657			

説明変数 X_1 と X_2 による判別分析と, 説明変数 X_2 のみによる判別分析の対数尤度の差の 2 倍が $\Delta_{p1p2}=0.0$ となり, 帰無仮説の棄却ができない. 説明変数 X_1 がなくてもよいことがわかる. このことは, 列 p の $p(Y=1|X=\mathbf{x})$ の値が示すように, 回帰分析に投入した標本を完全に判別していることからもわかる.

4.3.3 回帰係数の検定

最尤推定法で得た回帰係数の検定には, **対数尤度比検定**, **Wald 検定**, **スコア検定**がある. ここでは, 回帰分析全体を検定するための帰無仮説 H_0 とその対立仮説 H_1

$$H_0: \beta=\beta_0, \quad H_1: \beta \neq \beta_0$$

を尤度比検定により検定することを考える. 対数尤度比検定のための**対数尤度比**(-2LLR)が, カイ 2 乗分布 $\chi^2(p+1)$

$$-2\text{LLR}=2(\text{LL}(\hat{\beta})-\text{LL}(\beta=\beta_0)) \sim \chi^2_{p+1}$$

に従うことがわかっているので, 検定は, -2LLR の値(χ^2 値)と χ^2_{p+1} 分布の上側 5%点($\chi^2_{0.05}$)を比較して,

$$\chi^2 > \chi^2_{0.05} \quad \rightarrow \quad \text{帰無仮説の棄却}$$

とする.

Excel 操作 ⑦：回帰係数の検定

「Excel 操作 ⑤：ソルバーによる 2 群の判別」の結果に対する尤度比検定を行って，説明変数全体として目的変数を説明できているかを帰無仮説

$H_0 : \beta = 0$

を使って検定する．

	M	N	O	P	Q	R	S
1	X_1	X_2	Y	p1	temp	LL(β_0=51.02, β_1=-8.8, β_2=-5.69)	LL($\beta_0=\beta_1=\beta_2=0$)
2	1.33	1.73	1	1	29.5	-1.5699E-13	-0.69314718
3	1.54	1.43	1	1	29.3	-1.8385E-13	-0.69314718
4	1.77	1.59	1	1	26.4	-3.3352E-12	-0.69314718
5	1.61	1.78	1	1	26.7	-2.4393E-12	-0.69314718
6	1.68	1.41	1	1	28.1	-5.9563E-13	-0.69314718
7	1.39	1.42	1	1	30.7	-4.4631E-14	-0.69314718
8	1.59	1.64	1	1	27.7	-9.1294E-13	-0.69314718
9	1.57	1.43	1	1	29.1	-2.3426E-13	-0.69314718
10	1.05	1.21	1	1	34.9	-6.6613E-16	-0.69314718
11	5.71	5.61	0	3E-14	-31	-2.8755E-14	-0.69314718
12	5.86	5.38	0	3E-14	-31	-3.1641E-14	-0.69314718
13	5.43	5.31	0	2E-12	-27	-1.8854E-12	-0.69314718
14	5.57	5.94	0	2E-14	-32	-1.6098E-14	-0.69314718
15	5.57	5.36	0	4E-13	-28	-4.4709E-13	-0.69314718
16							
17	対数尤度比			19.41			
18	自由度			3			
19	片側5%点			7.8			

手順1 「Excel 操作 ⑤」に使ったワークシートの列 a2:f15 を，セル m2:r15 にコピーする．

手順2 セル s2:s15 に，$\beta_0=\beta_1=\beta_2=0$ に対応する対数尤度の式

=ln(0.5)

を入力する．

手順3 セル p17 に，対数尤度比の式（-2LLR の値），つまり，χ^2 値を求める式

=2*(sum(r2:r15)-sum(s2:s15))

を入力する.

手順4 セル p19 に, χ^2_{p+1} 分布の上側 5%点 $\chi^2_{0.05}$ を求める式

> =chiinv(0.05,p18)

を入力する.

χ^2 値が 19.41, 上側 5%点 $\chi^2_{0.05}$ が 7.8 なので, 帰無仮説の棄却となり, 回帰係数全体として目的変数を説明していることになる.

第5章 分散分析

5.1 分散分析とは？

　分散分析は，綿密に計画した実験データを使って要因効果を調査する手法である．たとえば，薬の種類による効果の違いや，商品の種類による売り上げの違いなどを調査する場合に使う．分散分析では，効果や売り上げが回帰分析における目的変数であり，商品名や薬名が説明変数にあたる．

　分散分析では，説明変数を**要因**と呼んでいる．要因は，連続量ではなくカテゴリ値を持つ**カテゴリ変数**であり，カテゴリ値を要因の**レベル**（**水準**）と呼んでいる．連続変量が要因（説明変数）の場合には，区間分けしてカテゴリ変量に変換すればよい．分散分析では，レベル値により標本を分類して得た複数個の標本群を比較することで，要因の効果を調査する．効果がなければ，目的変数（連続変量）と説明変数（カテゴリ変量）の間の独立性を示したことになる．

　分散分析の説明変数と目的変数の典型的な散布図は，図 5.1 のようになる．要因のレベル数が 2 なので，2 つの標本群の比較となる．

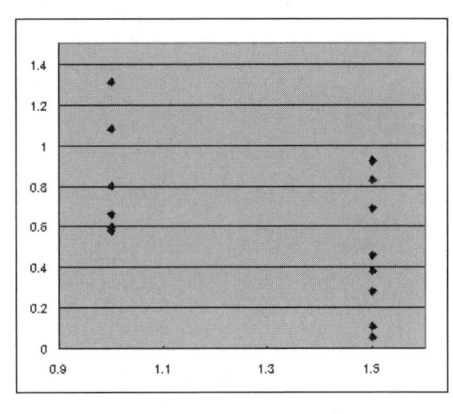

図 5.1　説明変数がカテゴリ変数の散布図

1つのカテゴリ変数（要因）のレベルで分けた標本群による分散分析を**1元配置分散分析**, 2つのカテゴリ変数（要因）のレベルの組み合わせで分けた標本群による分散分析を**2元配置分散分析**と呼んでいる. 2元配置分散分析では, 個々の要因（**主要因**）だけでなく, ある要因の効果が, 他の要因によって異なる場合, つまり, 組み合わせ効果も考えることになる. この組み合わせ効果を, **交互作用**と呼んでいる. 3元以上の分析では, この交互作用の解釈が複雑になる. 多レベル数での実験の組み合わせ数（標本群数）は直交表を使えば減少できる.

　分散分析の適用には, レベルにより分類した群に対応した各母集団の分散が等しいことを前提としている. 分散が異なれば, 各標本群に対応した母集団内部での多様性が異なっているとみなせるので, 各標本群には説明変数以外の未知の要因が働いている可能性が高い. したがって, 標本群が全て同一母集団に由来するものとはいえないことになる. これが, 分散分析適用の前提条件である等分散性の理由である. このことから, 要因のレベル値で分類した標本群が由来する母集団の分散が等しくなるように, つまり, 未知の要因を排除するように, 実験計画を立てる.

　分散分析では, 各群の等分散性を前提としていることから, 分類した群の比較に, 母集団の代表値としての母平均を使う. したがって, 説明変数のレベルにより母平均に変化が生じているならば, 説明変数の目的変数への効果があることになる.

　目的変数に対する要因として効果があることを検証するための帰無仮説と対立仮説は

　　H_0：すべての母集団の平均は等しい.
　　　→「標本群はすべて同一の母集団に由来する」
　　　→「要因のレベル値による分類は意味がない」
　　　→「説明変数が目的変数への要因ではない」

　　H_1：母平均が等しくない母集団がある.
　　　→「説明変数が目的変数の要因となる」
　　　→「要因のレベル値による分類の中で, そのいくつかは意味のある分類

である」

となる.

5.2 1元配置分散分析

表 5.1 で示す各レベルに対応する標本 y_{ki} は,母平均 μ_k, k=1,2,...K,共通の母分散 σ^2 を持つ正規母集団 $N(\mu_k, \sigma^2)$ から抽出されたものとする.

表 5.1　1元配置分散分析の標本

レベル k	標本
1	$y_{11}, y_{12}, y_{13}, \ldots y_{1n_1}$
2	$y_{21}, y_{22}, y_{23}, \ldots y_{2n_2}$
....	......
K	$y_{K1}, y_{K2}, y_{K3}, \ldots y_{Kn_K}$

1元配置分散分析の帰無仮説 H_0 と検証したい対立仮説 H_1 を

$H_0 : \mu_1 = \mu_2 = \cdots = \mu_K$

$H_1 : \mu_i \neq \mu_j$ となる i,j がある

と表すことができる.

帰無仮説 H_0 の検定に使う統計量は,目的変数の変動の性質

標本の全変動 S_{YY} ＝級間変動（群間の変動）＋級内変動（群内変動 RSS ）

$$\sum_{k=1}^{K}\sum_{i=1}^{n_k}(y_{ki}-\bar{y})^2 = \sum_{k=1}^{K}n_k(\bar{y}_k-\bar{y})^2 + \sum_{k=1}^{K}\sum_{i=1}^{n_k}(y_{ki}-\bar{y}_k)^2 = (S_{YY} - RSS) + RSS$$

から導くことができる.ただし

n_k　　　　　k 群の標本数

$\bar{y} = \frac{1}{n}\sum_{k=1}^{K}\sum_{i=1}^{n_k}y_{ki}$　全平均（帰無仮説の母平均の推定値）

$$\bar{y}_k = \frac{1}{n_k}\sum_{i=1}^{n_k} y_{ki} \qquad k \text{ 群の平均}$$

$$n = \sum_{k=1}^{K} n_k \qquad 総標本数$$

とする．各変動の自由度は

S_{YY} の自由度 $= n-1$

$$RSS \text{ の自由度} = \sum_{k=1}^{K}(n_k-1) = n-K$$

$S_{YY} - RSS$ の自由度 $= K-1$

である．

　各標本群の平均が等しければ，群間変動は 0 となる．この場合，全変動を群内変動で説明でき，標本群に分けることでは説明できない．逆に，群内変動が 0 ならば，全変動を群間変動で説明できるので，観測値の変動を標本群に分けることで説明できる．

　この変動の関係から，各標本群の母平均が異なり，RSS と比較して群間変動が大きいならば，レベル値による標本の分類に意味があり，結果的に，レベル値に依存して効果に違いがあることになる．つまり，変動の関係を

　　全変動＝要因の効果による変動＋残差の変動

と解釈できる．

　仮定 $y_{ki} \sim N(\mu_k, \sigma^2)$ が成り立ち，かつ，帰無仮説 $\mu_1 = \mu_2 = \cdots = \mu_K = \mu$ が真ならば，標本 y_{ki} は正規分布

$$y_{ki} \sim N(\mu, \sigma^2)$$

に従うことになる．さらに，$n_1 = n_2 = \cdots = n_K = m$ ならば，分散 σ^2 の不偏推定量の比である統計量

$$F = \frac{(S_{YY} - RSS)/(K-1)}{RSS/(n-K)}$$

は自由度 $(K-1, n-K)$ の F 分布に従う．

これらの分散を，表 5.2 にまとめる．

表 5.2　1 元分散分析の分散分析表

変動	自由度	2 乗和	平均 2 乗和	F
級間	K-1	$S_{YY}-RSS$	$(S_{YY}-RSS)/(K-1)$	$\dfrac{(S_{YY}-RSS)/(K-1)}{RSS/(n-K)}$
級内	n-K	RSS	$RSS/(n-K)$	
全変動	n-1	S_{YY}	$S_{YY}/(n-1)$	

　検定統計量 F の値が自由度 $(K-1, n-K)$ の F 分布の上側 100α % 点を越える領域に位置するならば，つまり，RSS と比較して，標本群間の変動が大きいならば，有意水準 100α % で帰無仮説を棄却する．帰無仮説の棄却は，水準による効果に違いがあることになる．この分散分析の検定は，片側検定となる．

Note ①

1. RSS の定義から標本 y_{ki} を

    $y_{ki} = \bar{y}_k + 残差_{ki}$

    と表すことができる．さらに，レベル k の要因効果を

    レベル k の要因効果 $= \bar{y}_k - \bar{y}$

    とするならば，標本を

    $y_{ki} = \bar{y} + (\bar{y}_k - \bar{y}) + 残差_{ki}$

    　　　$=$ 全平均 + レベル k の要因効果 + 残差$_{ki}$

    と分解できる．したがって，レベル k の影響下における説明変数の予測値 $\hat{y}$ は

    $\hat{y} = \bar{y} + $ レベル k の要因効果 $= \bar{y}_k$

    となる．

2. RSS (residual sum of square) は，2 乗残差の和を意味している．群の平均値を，その代表値にした際に失われた情報という意味で，この用語が使われる．

3. 帰無仮説が真であれば，$y_{ki} \sim N(\mu, \sigma^2)$ となる．この標本を分散で正規化した各変動

は，次のようなカイ2乗分布に従う．

$$\sum_{k=1}^{K}\sum_{i=1}^{n_k}\left(\frac{y_{ki}-\overline{y}}{\sigma}\right)^2 \sim \chi^2_{n-1}$$

$$\sum_{k=1}^{K}\left(\frac{\overline{y}_k-\overline{y}}{\frac{\sigma}{\sqrt{m}}}\right)^2 \sim \chi^2_{K-1}, \quad \mu_1=\mu_2=\cdots=\mu_K=\mu, \quad n_1=n_2=\cdots=n_K=m$$

$$\sum_{k=1}^{K}\sum_{i=1}^{n_k}\left(\frac{y_{ki}-\overline{y}_k}{\sigma}\right)^2 \sim \sum_{k=1}^{K}\chi^2_{n_k-1} \sim \chi^2_{n-K}$$

カイ2乗分布に従う項の比が F 分布になる．

4. 統計量 F の分子・分母ともに，母分散 σ^2 の不偏推定量である．分母の推定量が従う確率分布は，帰無仮説の影響がない．分子の推定量は帰無仮説の影響を受けるので，帰無仮説が偽ならば，その値が大きな値をとることになり，統計量 F は 1 より大きな値をとりやすい．

5. 等分散の検定には

  K=2 〔第2章 標本調査〕の分散比の検定

  K>2 Bartlett 検定や Levene 検定

がある．

・Bartlett 検定は，正規性に敏感なので，正規性の確信がある際に使う．

・Bartlett 検定では，標本数が少ないと有意差はでにくい．

6. Levene 検定の統計量 L の確率分布は，次のようになる．

$$L=\frac{L_N}{L_D} \sim F(K-1, n-K) \qquad \text{自由度}(K-1, n-K) \text{の } F \text{分布}$$

$$L_D = \frac{1}{(n-K)}\sum_{k=1}^{K}\sum_{i=1}^{n_k}(z_{ki}-\overline{z}_k)^2 \qquad \textbf{プールした分散}$$

$$L_N = \frac{1}{(K-1)}\sum_{k=1}^{K}n_k(\overline{z}_k-\overline{z})^2 \qquad \textbf{級間変動の平均}$$

$$z_{ki}=|y_{ki}-\overline{y}_k|,\quad \overline{z}_k=\frac{1}{n_k}\sum_{i=1}^{n_k}z_{ki},\quad \overline{z}=\frac{1}{n}\sum_{k=1}^{K}\sum_{i=1}^{n_k}z_{ki}$$

Levene 検定は，統計量 L の値が自由度(K-1, n-K)の F 分布の上側 α ％点を越える領域に位置するならば，帰無仮説「各標本群の分散は全て等しい」を棄却する．

7. Bartlett 検定統計量は，次のようになる．

$$B=\frac{B_N}{B_D}\sim\chi^2(K-1)$$

$$B_N=(n-K)\ln S_p^2-\sum_{k=1}^{K}(n_k-1)\ln S_k^2$$

$$B_D=1+\frac{1}{3(K-1)}\left(\sum_{k=1}^{K}\frac{1}{n_k-1}-\frac{1}{n-K}\right)$$

$$S_k^2=\frac{1}{n_k-1}\sum_{i=1}^{n_k}(y_{ki}-\overline{y}_k)^2 \qquad \text{k 群の不偏分散}$$

$$S_p^2=\frac{1}{n-K}\sum_{k=1}^{K}(n_k-1)S_k^2 \qquad \text{プールした分散}$$

統計量 B は自由度 K-1 のカイ 2 乗分布に従う．Bartlett 検定は，統計量 B の値が自由度 K-1 のカイ 2 乗分布の上側 α ％点を越える領域に位置するならば，帰無仮説「各標本群の分散は全て等しい」を棄却する．

8. 分散分析の代わりに，2 つの標本群の平均値の差による t 検定も考えられるが，多数の標本群の場合には，

- 2 つの標本群による検定の数が標本群数の階乗になる．
- 標本群の全てが同一母集団に由来するものであっても，階乗個の組み合わせの中のどれか 1 つが平均値の差の t 検定で帰無仮説の棄却になる可能性が高くなるので，帰無仮説「標本群の全てが同一母集団に由来する」を棄却する確率が高くなる（**多重検定の問題**）．
- 同一の標本を使うので，各 t 検定の間の統計的独立が担保されない．

の問題がある．

9. 〔第 2 章 標本調査〕で説明した等分散（未知）を仮定した平均値の差の検定で使っ

た統計量の2乗は，t 分布と F 分布の関係 $t^2(n) \sim F(1,n)$ の関係から

$$t^2 = \left(\frac{\overline{X}-\overline{Y}}{s\sqrt{\frac{1}{n}+\frac{1}{m}}}\right)^2 = \frac{\frac{nm}{n+m}(\overline{X}-\overline{Y})^2}{s^2} = \frac{\text{K=2の群間分散}}{\text{K=2の群内分散}} \sim F(1, n+m-2)$$

$$s^2 = \frac{(n-1)s_X^2 + (m-1)s_Y^2}{n+m-2}$$

を導くことができ，分散の不偏推定量の比を計算している．

Excel 操作 ①：1元配置分散分析

肥料 A, B, C の，野菜収穫量への効果の比較実験を行ったとする．この実験は，地区の影響を取り除くために 3 地区で行った．この実験結果に分散分析を適用して肥料の効果の判断を行う．

(1) 右の表の標本を，Excel の「グラフウィザード」を使ってグラフにする．

	A	B	C	D
1		地区1	地区2	地区3
2	肥料A	9.61	9.62	9.63
3	肥料B	4.4	4.38	4.39
4	肥料C	8.63	8.62	8.61

手順1 ワークシート「1元配置」のセル a1:d4 を範囲選択する．

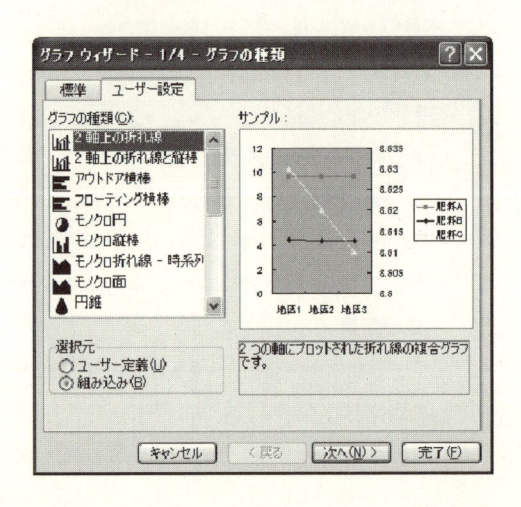

手順2 「グラフウィザード」ボタン をクリックする．ダイアログ「グラフウィザード-1/4-グラフの種類」が表示される．「ユーザー設定」タブの「グラフの種類」を「2軸上の折

れ線」にして，ボタン「次へ」をクリックする．

手順3 ダイアログ「グラフウィザード-2/4-グラフの元データ」が表示される．タブ「データ範囲」の「系列：」の「列」を選択する．

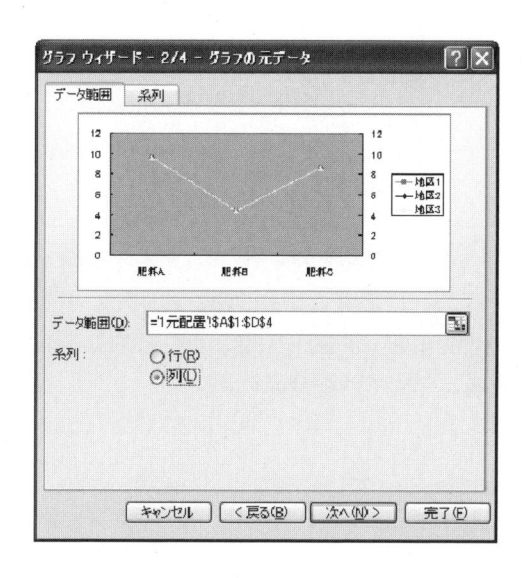

手順4 ダイアログ「グラフウィザード-2/4-グラフの元データ」のボタン「完了」をクリックする．標本のあるワークシートに下図のようなグラフが表示される．

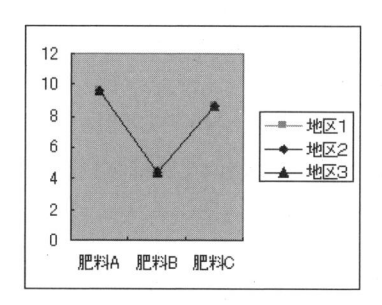

このグラフから，実験の意図通りに，地区の影響が取り除かれている

ことがわかる．

(2) 地区の影響がないことを定量的に確認するため，各収穫量から収穫量の総平均を引き，肥料毎の平均をとる．肥料の影響が，地区と比較して大きいことがわかる．

総平均	7.54			
	収穫量-総平均			肥料平均
A	2.07	2.08	2.09	2.07667
B	-3.1	-3.2	-3.2	-3.1533
C	1.09	1.08	1.07	1.07667
地区平均	0	-0	0	

(3) 収穫量から肥料平均と総平均を差し引いて，肥料では説明できない要因（地区を想定）についての詳細を調べる．これは，回帰分析の残差分析に相当する．肥料では説明できない要因（残差）の式は

　　残差 $_{rc}$ ＝収穫量 $_{rc}$ －総平均－肥料平均 $_r$

となる．添え字 r と c は，実験データの行と列を指示している．残差の 2 乗の和が RSS である．

下表をみると，収穫量に対して，肥料では説明できない要因（残差）が地区に依存していないので，実験の意図通りに，地区の影響が取り除かれているといえる．したがって，肥料に関する分散分析を行うことができる．

	残差			肥料平均
A	-0	0	0.01	0.000
B	0.01	-0	0	0.000
C	0.01	0	-0	0.000
地区平均	0	-0	0	

(4) 肥料に関する分散分析を行う．

|手順1| Bartlett 検定，あるいは Levene 検定により，等分散検定を行う．各統計量の計算式に相当する式を入力する．

[第5章] 分散分析

Bartlett検定					
	不偏分散(S_k^2)	n_k	$(n_k-1)S_k^2$	$1/(n_k-1)$	$(n_k-1)\ln(S_k^2)$
A	0.0001	3	0.0002	0.5	-18.420681
B	0.0001	3	0.0002	0.5	-18.420681
C	0.0001	3	0.0002	0.5	-18.420681
				プールした分散$(S_B^2)=$	0.0001
				$B_N=$	-7.105E-15
				$B_D=$	1.22222222

Levene検定					
	Z_{ki}			n_k 級内変動	$n_k*(\text{avZ}_k-\text{avZ})^2$
A	0.01	0	0.01	3 6.67E-05	2.8819E-32
B	0.01	0.01	0	3 6.67E-05	1.17325E-31
C	0.01	0	0.01	3 6.67E-05	2.8819E-32
				級間分散$L_N=$	8.74816E-32
				プールした分散$L_D=$	3.33333E-05

上の Levene 検定の表の avZ は $\bar{z}$, avZ_k は $\bar{z}_k$ である．下のそれぞれの表をみると，どちらの検定も，等分散を棄却できないことがわかる．

Bartlett検定			Levene検定		
総標本数	9		総標本数	9	
群数	3		群数	3	
カイ分布自由度	2		F分布自由度(	2	6)
統計量Bの値	-5.8E-15		統計量Lの値	2.62E-27	
上側5%値	5.991465		上側5%値	5.143253	
判定	保留		判定	保留	

手順2 「ツール」メニューの「分析ツール」を選択する．

手順3 ダイアログ「データ分析」から「分散分析：一元配置」を選択して，「OK」ボタンをクリックする．

手順4 ダイアログ「分散分析：一元配置」が表示される．各項目を次のように設定後，「OK」ボタンをクリックする．

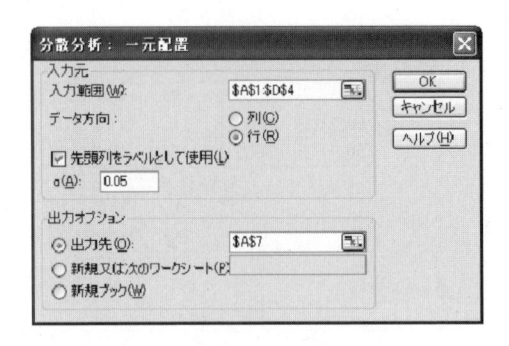

入力範囲	a1:d4
データ方向	行
先頭列をラベルとして使用	チェックを入れる
出力先	a7

手順5 結果がセル h1 に表示される.

分散分析：一元配置

概要

グループ	標本数	合計	平均	分散
A	3	28.86	9.62	0.0001
B	3	13.17	4.39	0.0001
C	3	25.86	8.62	0.0001

分散分析表

変動要因	変動	自由度	分散	分散比	P-値	F 境界値
グループ間	46.2458	2	23.123	231229	2E-15	5.143253
グループ内	0.0006	6	0.0001			
合計	46.2464	8				

　検定統計量 F の値 231229 は，自由度 $(2,6)$ の F 分布の上側 $100\alpha\%$ 点 5.143 をはるかに越えているので，帰無仮説「標本群は同一母集団に由来する」を棄却することになる．肥料が収穫量に影響を与えていることになる．

> **Note ②**
>
> 1. 「Excel 操作 ①：1 元配置分散分析」の(4)の肥料に関する分散分析は，厳密にいえば，2 元配置である．地区効果の分析が目的ではなく，地区の影響を肥料効果の分析から軽減することが目的である．このような目的に使う説明変数を，**ブロック因子**と呼んでいる．

5.3　2元配置分散分析

表5.3で示す2つの要因，レベル r と c の組み合わせに対応する群 rc の標本 y_{rci} は，母平均 μ_{rc}，r=1,2,...R，c=1,2,...C，共通の母分散 σ^2 を持つ正規母集団 $N(\mu_{rc}, \sigma^2)$ から抽出されたものとする．

表 5.3　2 元配置分散分析の標本

		列要因			
		c=1	c=2	...	c=C
行要因	r=1	$y_{111}, y_{112}, ..., y_{11m}$	$y_{121}, y_{122}, ..., y_{12m}$		$y_{1C1}, y_{1C2}, ..., y_{1Cm}$
	r=2	$y_{211}, y_{212}, ..., y_{21m}$	$y_{221}, y_{222}, ..., y_{22m}$		$y_{2C1}, y_{2C2}, ..., y_{2Cm}$
	...				
	r=R	$y_{R11}, y_{R12}, ..., y_{R1m}$	$y_{R21}, y_{R22}, ..., y_{R2m}$		$y_{RC1}, y_{RC2}, ..., y_{RCm}$

各行・列レベルと全レベルでの母平均 μ_{rc} の平均値

$$\mu_{r\cdot} = \frac{1}{C}\sum_{c=1}^{C}\mu_{rc}, \quad \mu_{\cdot c} = \frac{1}{R}\sum_{r=1}^{R}\mu_{rc}, \quad \mu = \frac{1}{CR}\sum_{r=1}^{R}\sum_{c=1}^{C}\mu_{rc}$$

を導入する．2元配置分散分析の帰無仮説と検証したい対立仮説は

帰無仮説 H_{0R} : $\mu_{1\cdot}=\mu_{2\cdot}=\cdots=\mu_{C\cdot}=\mu$ （行要因が主要因ではない）

対立仮説 H_{1R} : $\mu_{i\cdot}\neq\mu_{j\cdot}$ となる i, j がある

帰無仮説 H_{0C} : $\mu_{\cdot 1}=\mu_{\cdot 2}=\cdots=\mu_{\cdot C}=\mu$ （列要因が主要因ではない）

対立仮説 H_{1C} : $\mu_{\cdot i}\neq\mu_{\cdot j}$ となる i, j がある

帰無仮説 H_{0RC} : $\mu_{rc}-\mu_{r\cdot}-\mu_{\cdot c}+\mu=0$, r=1,2,...R , c=1,2,...C
（行要因と列要因の交互作用はない）

対立仮説 H_{1RC} : $\mu_{rc}-\mu_{r\cdot}-\mu_{\cdot c}+\mu\neq 0$ となる r, c がある

と表すことができる.

H_{0RC} が棄却された場合には，行要因や列要因が単独で主要因となるか否かに関係なく，それらの要因は交互作用を通じて目的変数に影響を与えることになる. 2元配置分散分析の流れは，次のようになる.

(1) H_{0RC} の検定を行う.
(2) ① **If**
・H_{0RC} を採択（H_{0R} や H_{0C} の検定を行う）.
② **Else**（H_{0R} や H_{0C} を検定する意味がない）
・1つの要因レベルを固定して，他の要因レベルの標本群に対して条件付き1元配置分散分析を実行.
・行と列の組み合わせをレベル値とした1元配置分散分析を実行.

2元配置分散分析の交互作用 H_{0RC} の検定には，レベルの同じ組み合わせでの標本が複数個必要である. 複数個ない場合には，交互作用による変動と残差変動の分離ができない.

5.3.1 交互作用の検定

「Excel操作 ①：1元配置分散分析」において述べたように，2元配置分散分析においても，標本の平均値のグラフから，行要因と列要因がどのように目的変数に影響を与えているかがわかる.

図5.2では，直線が互いに平行なので，列要因に関係なく，目的変数に対する行要因の影響が同じであることを示している. これにより，行・列要因が互いに独

立して影響を与えていることがわかる．

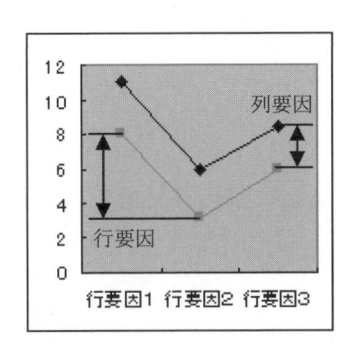

図 5.2　互いに独立している行と列要因

　図 5.3 の(a)では，直線が平行ではなく，列要因により行要因 3 の効果が異なり，列要因と行要因の間に交互作用がある．(b)では，直線が交差していて，行要因 1 と 2 の目的変数への影響が列要因により異なることがわかる．したがって，列要因と行要因の間に交互作用がある．

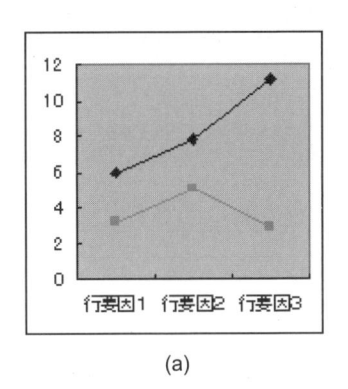

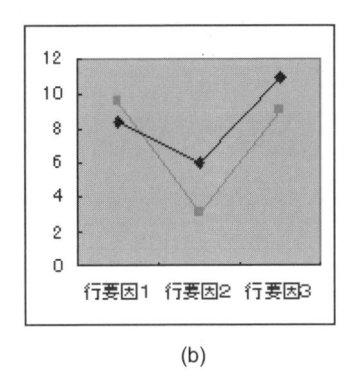

(a)　　　　　　　　　　　　　　　(b)

図 5.3　交互作用のある列・行要因

　このように，各群の標本の平均を図示して，交互作用の有無の見当をつけることができる．

1元配置分散分析の場合と同様に,2元配置分散分析の目的変数の変動の性質は,

標本の全変動 S_{YY} ＝行要因変動＋列要因変動
$$+交互作用変動$$
$$+群内変動\ RSS$$

$$\sum_{c=1}^{C}\sum_{r=1}^{R}\sum_{i=1}^{m}(y_{rci}-\bar{y})^2 = \sum_{r=1}^{R}mC(\bar{y}_{r\cdot\cdot}-\bar{y})^2 + \sum_{c=1}^{C}mR(\bar{y}_{\cdot c\cdot}-\bar{y})^2$$
$$+\sum_{r=1}^{R}\sum_{c=1}^{C}m(\bar{y}_{rc\cdot}-\bar{y}_{r\cdot\cdot}-\bar{y}_{\cdot c\cdot}+\bar{y})^2$$
$$+\sum_{c=1}^{C}\sum_{r=1}^{R}\sum_{i=1}^{m}(y_{rci}-\bar{y}_{rc\cdot})^2$$

$S_{YY}=SS_R+SS_C+SS_{RC}+RSS$

$\bar{y}=\dfrac{1}{mRC}\sum_{c=1}^{C}\sum_{r=1}^{R}\sum_{i=1}^{m}y_{rci}$ 　　総平均

$\bar{y}_{r\cdot\cdot}=\dfrac{1}{mC}\sum_{c=1}^{C}\sum_{i=1}^{m}y_{rci}$ 　　r 行平均

$\bar{y}_{\cdot c\cdot}=\dfrac{1}{mR}\sum_{r=1}^{R}\sum_{i=1}^{m}y_{rci}$ 　　c 列平均

$\bar{y}_{rc\cdot}=\dfrac{1}{m}\sum_{i=1}^{m}y_{rci}$ 　　rc 群平均

から,帰無仮説の検定に使う統計量を導くことができる.各変動の自由度は

S_{YY} の自由度=mRC-1

SS_R の自由度=R-1

SS_C の自由度=C-1

SS_{RC} の自由度=(R-1)(C-1)

RSS の自由度=RC(m-1)

$S_{YY}-RSS$ の自由度=RC-1

である.この変動の分解では,各群の標本数が同数であることを前提としている.

仮定 $y_{rci} \sim N(\mu_{rc}, \sigma^2)$ が成り立ち,かつ,帰無仮説

H_{0RC} : $\mu_{rc} - \mu_{r\cdot} - \mu_{\cdot c} + \mu = 0$, $r = 1, 2, \ldots, R$, $c = 1, 2, \ldots, C$

が真ならば，交互作用変動と群内変動による分散 σ^2 の不偏推定量の比である統計量

$$F_{RC} = \frac{SS_{RC}/((R-1)(C-1))}{RSS/(RC(m-1))}$$

は，自由度 $((R-1)(C-1), RC(m-1))$ の F 分布に従う．

検定統計量 F_{RC} の値が自由度 $((R-1)(C-1), RC(m-1))$ の F 分布の上側 100α % 点を越える領域に位置するならば，つまり，RSS と比較して，交互作用変動が大きいならば，有意水準 100α % で帰無仮説を棄却する．帰無仮説の棄却は，レベル値による効果に違いがあることを示す．この分散分析の検定は片側検定となる．

行要因と列要因の検定は，分散 σ^2 の不偏推定量の比である統計量

行要因の検定：（帰無仮説 H_{0R} : $\mu_{1\cdot} = \mu_{2\cdot} = \cdots = \mu_{R\cdot} = \mu$ ）

$$F_R = \frac{SS_R/(R-1)}{RSS/(RC(m-1))} \sim F(R-1, RC(m-1))$$

列要因の検定：（帰無仮説 H_{0C} : $\mu_{\cdot 1} = \mu_{\cdot 2} = \cdots = \mu_{\cdot C} = \mu$ ）

$$F_C = \frac{SS_C/(C-1)}{RSS/(RC(m-1))} \sim F(C-1, RC(m-1))$$

を使って行う．Excel の「分析ツール」による交互作用の検定では，これらの統計量を一緒に計算しているので，それを使えばよい．ただし，行・列要因の分散が交互作用の分散に比べてかなり大きい場合に限る．

Note ③

1. 2 元配置分散分析の群間変動は

$$\sum_{c=1}^{C}\sum_{r=1}^{R} m(\overline{y}_{rc\cdot} - \overline{y})^2 = \sum_{r=1}^{R} mC(\overline{y}_{r\cdot\cdot} - \overline{y})^2 + \sum_{c=1}^{C} mR(\overline{y}_{\cdot c\cdot} - \overline{y})^2 \\ + \sum_{r=1}^{R}\sum_{c=1}^{C} m(\overline{y}_{rc\cdot} - \overline{y}_{r\cdot\cdot} - \overline{y}_{\cdot c\cdot} + \overline{y})^2$$

と分解できる．

2. RSS の定義から，標本は

$$y_{rci} = \bar{y}_{rc\cdot} + 残差_{rci}$$

と表すことができる．さらに

$$y_{rci} = \bar{y} + (\bar{y}_{r\cdot\cdot} - \bar{y}) + (\bar{y}_{\cdot c\cdot} - \bar{y}) + \bar{y}_{rc\cdot} - \bar{y} - (\bar{y}_{r\cdot\cdot} - \bar{y}) - (\bar{y}_{\cdot c\cdot} - \bar{y}) + 残差_{rci}$$
$$= \bar{y} + (\bar{y}_{r\cdot\cdot} - \bar{y}) + (\bar{y}_{\cdot c\cdot} - \bar{y}) + (\bar{y}_{rc\cdot} - \bar{y}_{r\cdot\cdot} - \bar{y}_{\cdot c\cdot} + \bar{y}) + 残差_{rci}$$

と書き換えられる．各平均値の差は

$\bar{y}_{r\cdot\cdot} - \bar{y}$　　行要因レベル r の要因効果

$\bar{y}_{\cdot c\cdot} - \bar{y}$　　列要因レベル c の要因効果

$\bar{y}_{rc\cdot} + \bar{y} - \bar{y}_{r\cdot\cdot} - \bar{y}_{\cdot c\cdot}$　　行・列要因レベル rc の要因効果（交互作用の効果）

とみなすことができるので，標本は

標本=(全体の平均)+(列の効果)+(行の効果)+(交互作用の効果)+(残差)

と分解できる．

3. 交互作用の帰無仮説が成立するならば，$\mu_{rc} = \mu_{r\cdot} + \mu_{\cdot c} - \mu$ なので，$\bar{y}_{r\cdot\cdot} + \bar{y}_{\cdot c\cdot} - \bar{y}$ は μ_{rc} の不偏推定量となる．したがって

$$\sum_{r=1}^{R}\sum_{c=1}^{C} m\left(\frac{\bar{y}_{rc\cdot} - \bar{y}_{r\cdot\cdot} - \bar{y}_{\cdot c\cdot} + \bar{y}}{\sigma}\right)^2 = \sum_{r=1}^{R}\sum_{c=1}^{C}\left(\frac{\bar{y}_{rc\cdot} - \bar{y}_{r\cdot\cdot} - \bar{y}_{\cdot c\cdot} + \bar{y}}{\frac{\sigma}{\sqrt{m}}}\right)^2 \sim \chi^2_{(R-1)(C-1)}$$

となる．

Excel 操作 ②：交互作用の検定 (1)

次の表の標本に対して，Excel の「分析ツール」の「分散分析：繰り返しのある二元配置」を使って，列要因と行要因の交互作用の検定を行う．

	A	B	C
1		列要因1	列要因2
2	行要因1	3.1	6.1
3		3.2	5.9
4	行要因2	5	7.9
5		5.1	7.8
6	行要因3	2.9	11.1
7		2.8	11.2

[第5章] 分散分析

各群での目的変数の平均値を，下の図に示す．交互作用の存在が想像できる．

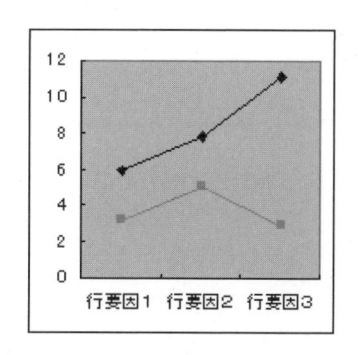

手順1 「分析ツール」の「分散分析：繰り返しのある二元配置」を選択する．
手順2 ダイアログ「分散分析：繰り返しのある二元配置」が表示される．各項目を次のように設定後，「OK」ボタンをクリックする．

入力範囲	a1:c7
1標本あたりの行数	2
α	0.05
出力先	f1

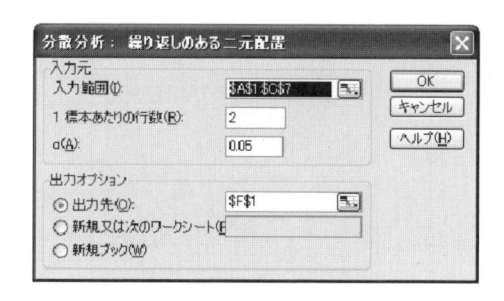

手順3 標本のあるワークシートのセル f1 に分散分析表が表示される．

分散分析表						
変動要因	変動	自由度	分散	分散比	P-値	F 境界値
行	12.93167	2	6.46583	862.111	4E-08	5.14325
列	64.8675	1	64.8675	8649	1E-10	5.98738
交互作用	19.985	2	9.9925	1332.33	1E-08	5.14325
繰り返し誤	0.045	6	0.0075			
合計	97.82917	11				

分散分析表の交互作用の行の統計量 F_{RC} の値（分散比）1332.33 は，上側 100α%点 5.143 をはるかに越えているので，帰無仮説「交互作用はない」を棄却する．交互作用があるので，分散分析の結果を使って，各要因の影響を個別に述べることはできない．そこで，分散分析を実行する前に行った，交互作用の有無の見当をつけるためのグラフから，各標本群の平均値を比較して影響の詳細を調べる．行要因 3 では列要因の影響が大きいことがわかる．

Excel 操作 ③：交互作用の検定 (2)

右の表の標本に対して，Excel の「分析ツール」の「分散分析:繰り返しのある二元配置」を使って，列要因と行要因の交互作用の検定を行う．

各群での目的変数の平均値を下の図に示す．交互作用がないことを想像できる．

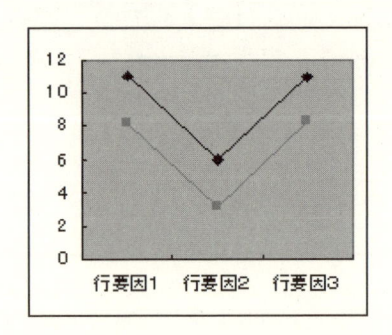

	A	B	C
1		列要因1	列要因2
2	行要因1	8.1	11
3		8.2	11.1
4	行要因2	3.2	6
5		3.1	5.9
6	行要因3	8.2	11
7		8.3	11

Excel の「分析ツール」の「分散分析：繰り返しのある二元配置」を表の標本に適用すれば，次表のような分散分析の結果を得る．分散分析表の交互作用の行の統計量 F_{RC} の値（分散比）が 5.143 以下なので，交互作用なしの棄却ができない．分散分析表の行と列の，行・列要因に関する統計量 F_R と F_C の値（分散比）が上側 5%点を遥かに越えているので，各要因に関する帰無仮説を棄却することになる．したがって，両者ともに，主要因となる．

分散分析表

変動要因	変動	自由度	分散	分散比	P-値	F 境界値
行	68.345	2	34.2	8201.4	5E-11	5.143253
列	23.801	1	23.8	5712.2	4E-10	5.987378
交互作用	0.0117	2	0.01	1.4	0.317	5.143253
繰り返し誤差	0.025	6	0			
合計	92.183	11				

5.3.2 行・列要因効果の検定

交互作用がないことを確信できる場合，あるいは，2 元配置の各群の標本数が 1 つ（交互作用の分離ができない）の場合には，行・列要因効果の検定のみ行う．交互作用の検定の結果，交互作用がなかった場合に，行・列要因の分散が交互作用の分散と比較してかなり大きい場合を除いて，交互作用の検定で得た統計量を流用して行・列要因効果を論じるべきではない．このことは，重要である．

行・列要因効果に関する帰無仮説 H_{0R}, H_{0C} の検定を行うための統計量は，変動の関係

標本の全変動 S_{YY} ＝行要因変動+列要因変動

$$+群内変動 \ RSS$$

$$\sum_{c=1}^{C}\sum_{r=1}^{R}\sum_{i=1}^{m}(y_{rci}-\bar{y})^2 = \sum_{r=1}^{R} mC(\bar{y}_{r\cdot\cdot}-\bar{y})^2 + \sum_{c=1}^{C} mR(\bar{y}_{\cdot c\cdot}-\bar{y})^2$$

$$+\sum_{r=1}^{R}\sum_{c=1}^{C}\sum_{i=1}^{m}(y_{rci}-\bar{y}_{r\cdot\cdot}-\bar{y}_{\cdot c\cdot}+\bar{y})^2$$

$S_{YY} = SS_R + SS_C + RSS_{RC}$

RSS_{RC} の自由度= mRC-1-(R-1)-(C-1)=mRC-R-C+1

から導くことができる．

仮定 $y_{rci} \sim N(\mu_{rc},\sigma^2)$ が成り立ち

帰無仮説 H_{0R} : $\mu_{1\cdot} = \mu_{2\cdot} = \cdots = \mu_{R\cdot} = \mu$

帰無仮説 H_{0C} : $\mu_{\cdot 1} = \mu_{\cdot 2} = \cdots = \mu_{\cdot C} = \mu$

が真ならば，分散 σ^2 の不偏推定量の比からなる次の統計量 F_R や F_C は，F 分布に従う．

行要因の検定：（帰無仮説 H_{0R} : $\mu_{1\cdot} = \mu_{2\cdot} = \cdots = \mu_{R\cdot} = \mu$ ）

$$F_R = \frac{SS_R/(R-1)}{RSS_{RC}/(mRC-R-C+1)} \sim F(R-1, mRC-R-C+1))$$

列要因の検定：帰無仮説 H_{0C} : $\mu_{\cdot 1} = \mu_{\cdot 2} = \cdots = \mu_{\cdot C} = \mu$

$$F_C = \frac{SS_C/(C-1)}{RSS_{RC}/(mRC-R-C+1)} \sim F(C-1, mRC-R-C+1)$$

この統計量を使って，行・列要因の検定を行う．

Note ④

1. 帰無仮説 H_{0R} が成立するならば，$\overline{y}_{r\cdot\cdot} + \overline{y}_{\cdot c\cdot} - \overline{y}$ は $\mu_{\cdot c}$ の不偏推定量となるので

$$\frac{1}{mRC-R-C+1}\sum_{r=1}^{R}\sum_{c=1}^{C}\sum_{i=1}^{m}(y_{rci}-\overline{y}_{r\cdot\cdot}-\overline{y}_{\cdot c\cdot}+\overline{y})^2$$

は，分散 σ^2 の不偏推定量となる．したがって

$$\sum_{r=1}^{R}\sum_{c=1}^{C}\sum_{i=1}^{m}\left(\frac{y_{rci}-\overline{y}_{r\cdot\cdot}-\overline{y}_{\cdot c\cdot}+\overline{y}}{\sigma}\right)^2 \sim \chi^2_{mRC-R-C+1}$$

となる．帰無仮説 H_{0C} が成立するならば，$\overline{y}_{r\cdot\cdot} + \overline{y}_{\cdot c\cdot} - \overline{y}$ は $\mu_{r\cdot}$ の不偏推定量となるので，帰無仮説 H_{0R} の場合と同様の過程を得て

$$\sum_{r=1}^{R}\sum_{c=1}^{C}\sum_{i=1}^{m}\left(\frac{y_{rci}-\overline{y}_{r\cdot\cdot}-\overline{y}_{\cdot c\cdot}+\overline{y}}{\sigma}\right)^2 \sim \chi^2_{mRC-R-C+1}$$

を得る．

Excel 操作 ④：行・列要因効果の検定

「Excel 操作 ①：1 元配置分散分析」の標本に，「分析ツール」の「分散分析：繰り返しのない二元配置」を使って行・列要因効果の検定を行う．

	A	B	C	D
1		地区1	地区2	地区3
2	肥料A	9.61	9.62	9.63
3	肥料B	4.4	4.38	4.39
4	肥料C	8.63	8.62	8.61

手順1 「分析ツール」の「分散分析：繰り返しのない二元配置」を選択する．

手順2 ダイアログ「分散分析：繰り返しのない二元配置」が表示される．各項目を次のように設定後，「OK」ボタンをクリックする．

入力範囲	a1:d4
ラベル	チェックを入れる
α	0.05
出力先	f1

手順3 標本のあるワークシートの f1 に分散分析表が表示される．

分散分析表

変動要因	変動	自由度	分散	分散比	P-値	F 境界値
行	46.246	2	23.1229	173422	1.3E-10	6.9442719
列	7E-05	2	3.3E-05	0.25	0.79012	6.9442719
誤差	0.0005	4	0.00013			
合計	46.246	8				

統計量 F_R の値が 173422 なので，上側 5%点 6.944 を遥かに越えている．そのため，行要因効果に関する帰無仮説が棄却され，行要因が有効であることがわかる．この結果は，「Excel 操作 ①：1 元配置分散分析」の結果と一致している．

Note ⑤

1. ＜分散分析における留意点＞
   ・各群の標本数をできるだけ同じにする．
   ・各群の母集団は正規分布であることが前提（正規分布が多少満たされていなくても，分散分析は頑健である）．
   ・各群の母分散は等しい（各群の標本数が同数ならば，各群の等分散が多少満たされていなくても影響は少ない）．
2. フィッシャーの3原則（**反復**，**無作為**，**局所管理**）に沿って系統誤差を取り除いたり，偶然誤差に転化できるような実験を行って標本を取得する．
3. Excel の「分析ツール」の「分散分析：繰り返しのある二元配置」の出力を使って，行・列要因効果の検定に必要な統計量 RSS_{RC} を

   $RSS_{RC} =$ 交互作用変動＋群内変動 RSS

   使って求めることができる．

5.4 回帰分析による分散分析

5.4.1 1元配置分散分析

正規分布の誤差項を導入して，1元配置分散分析の目的変数の標本を，次のような統計モデルで表す．

$y_{ki} = \mu_k + \varepsilon_{ki}$, $k=1,\ldots,K$, $i=1,\ldots,n_j$

y_{ki}　標本群 k の i 番目の標本

μ_k　標本群 k に対応した母集団 k の母平均

ε_{ki}　標本群 k の i 番目の標本と母平均の差 (確率的要素, 要因で説明できない成分, 誤差項)

$$\varepsilon_{ki} \sim N(0, \sigma^2)$$

　この統計モデルにおいても, 分散分析の場合と同様に, 標本の正規性と等分散性が仮定されている.

　K 個の母集団の平均値とその平均値と μ_k の差 α_k

$$\mu = \frac{1}{K} \sum_{k=1}^{K} \mu_k$$

$$\alpha_k = \mu_k - \mu \quad \rightarrow \quad \sum_{k=1}^{K} \alpha_k = 0$$

を導入して, 標本の統計モデルを,

$$y_{ki} = \mu + \alpha_k + \varepsilon_{ki}, \quad k=1,\ldots,K, \quad i=1,\ldots,n_k$$

と書き換える. この統計モデルを使って標本を表すならば

$$\begin{bmatrix} y_{11} \\ y_{12} \\ \vdots \\ y_{1n_1} \\ y_{21} \\ y_{22} \\ \vdots \\ y_{2n_2} \\ \vdots \\ y_{K-1,1} \\ y_{K-1,2} \\ \vdots \\ y_{K-1,n_{K-1}} \\ y_{K1} \\ y_{K2} \\ \vdots \\ y_{Kn_K} \end{bmatrix} = \begin{bmatrix} 1 & 1 & 0 & \cdots & 0 \\ 1 & 1 & 0 & \cdots & 0 \\ \vdots & \vdots & \vdots & \cdots & \vdots \\ 1 & 1 & 0 & \cdots & 0 \\ 1 & 0 & 1 & \cdots & 0 \\ 1 & 0 & 1 & \cdots & 0 \\ \vdots & \vdots & \vdots & \cdots & 0 \\ 1 & 0 & 1 & \cdots & 0 \\ \vdots & \vdots & \vdots & \cdots & \vdots \\ 1 & 0 & 0 & \cdots & 1 \\ 1 & 0 & 0 & \cdots & 1 \\ \vdots & \vdots & \vdots & \cdots & \vdots \\ 1 & 0 & 0 & \cdots & 1 \\ 1 & -1 & -1 & \cdots & -1 \\ 1 & -1 & -1 & \cdots & -1 \\ \vdots & \vdots & \vdots & \cdots & \vdots \\ 1 & -1 & -1 & \cdots & -1 \end{bmatrix} \begin{bmatrix} \mu \\ \alpha_1 \\ \alpha_2 \\ \vdots \\ \alpha_{K-1} \end{bmatrix} + \begin{bmatrix} \varepsilon_{11} \\ \varepsilon_{12} \\ \vdots \\ \varepsilon_{1n_1} \\ \varepsilon_{21} \\ \varepsilon_{22} \\ \vdots \\ \varepsilon_{2n_2} \\ \vdots \\ \varepsilon_{K-1,1} \\ \varepsilon_{K-1,2} \\ \vdots \\ \varepsilon_{K-1,n_{K-1}} \\ \varepsilon_{K1} \\ \varepsilon_{K2} \\ \vdots \\ \varepsilon_{Kn_K} \end{bmatrix}$$

となる. ただし, $\alpha_K = -\alpha_1 - \alpha_2 - \cdots - \alpha_{K-1}$ を使った. これから, この統計モデルは, 回帰分析の統計モデルの特別なモデルであって

・目的変数の期待値と分散が $\mu + \alpha_k$, σ^2

・K-1 個の説明変数

・回帰係数 $\beta_0 = \mu$

・回帰係数 $\beta = [\alpha_1 \ \alpha_2 \ \cdots \ \alpha_{K-1}]^t$

とする重回帰分析の統計モデルと同じになることがわかる．

重回帰分析の統計モデルから，確率変数であるとした目的変数の期待値は

$E[Y] = \mu + \alpha_1 Z_1 + \alpha_2 Z_2 + \cdots + \alpha_{K-1} Z_{K-1}$

と表すことができる．説明変数 Z_k （k=1,2,…,K−1）は標本の所属するカテゴリを指示する指示変数で，その値は

$$Z_k = \begin{cases} 1 & y \in \text{レベル}k\text{群} \\ -1(\text{全ての}k) & y \in \text{レベル}K\text{群} \\ 0 & \text{その他} \end{cases}$$

を取る．

重回帰分析による回帰係数の検定の帰無仮説は $\beta = 0$ なので

$\alpha_1 = \alpha_2 = \cdots = \alpha_{K-1} = 0 \quad \rightarrow \quad \mu_1 - \mu = \mu_2 - \mu = \cdots = \mu_{K-1} - \mu = 0$

を検定していることになり，1元配置分散分析の帰無仮説

$\mu_1 = \mu_2 = \cdots = \mu_{K-1} = \mu_K$

を検定できる．

Excel 操作 ⑤：回帰分析による1元配置分散分析

「Excel 操作 ①：1元配置分散分析」の標本を，重回帰分析の回帰係数の検定により分散分析を行う．

	A	B	C	D
1		地区1	地区2	地区3
2	肥料A	9.61	9.62	9.63
3	肥料B	4.4	4.38	4.39
4	肥料C	8.63	8.62	8.61

手順1 上の表をもとに，回帰分析用のデザイン行列を作成する．

[第5章] 分散分析　**153**

	A	B	C
1	肥料A	肥料B	Y
2	1	0	9.61
3	1	0	9.62
4	1	0	9.63
5	0	1	4.4
6	0	1	4.38
7	0	1	4.39
8	-1	-1	8.63
9	-1	-1	8.62
10	-1	-1	8.61

手順2 「分析ツール」の「回帰分析」を選択する．ダイアログ「回帰分析」が表示される．各項目を次のように設定後，「OK」ボタンをクリックする．

入力範囲	$c1:$c$10
入力 X 範囲	a1:b10
ラベル	チェックを入れる
一覧の出力先	a14

手順3 デザイン行列のあるワークシートの a14 に回帰係数が表示される．

	係数	標準誤差	t	P-値	下限 95%	上限 95%
切片	7.5433	0.003	2263	5.03E-19	7.53518	7.55149
肥料A	2.0767	0.005	440.5	9.23E-15	2.06513	2.0882
肥料B	-3.153	0.005	-669	7.53E-16	-3.1649	-3.1418

　回帰係数の出力から，回帰係数が 0 であるとする帰無仮説を検定することができ，肥料 A と B に関する帰無仮説を棄却できる．これにより，「肥料による収穫量の平均が全体の平均値と異なる」とする対立仮説を採択することになる．

　「回帰分析」の出力である分散分析表の分散比は

$$F = \frac{(S_{YY}-RSS)/(K-1)}{RSS/(n-K)}$$

を計算しているので，この表を使って 1 元配置分散分析を行う．

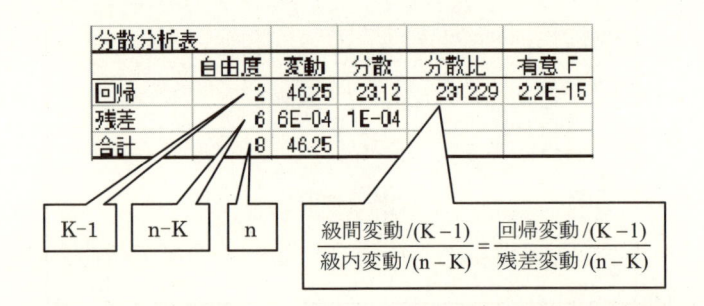

分散分析表

	自由度	変動	分散	分散比	有意 F
回帰	2	46.25	23.12	231229	2.2E-15
残差	6	6E-04	1E-04		
合計	8	46.25			

K-1　n-K　n

$$\frac{級間変動/(K-1)}{級内変動/(n-K)} = \frac{回帰変動/(K-1)}{残差変動/(n-K)}$$

　分散比が 231229 で，自由度(2,6) の F 分布の上側 5%点 5.14 を遥かに越えている．したがって，分散分析の帰無仮説を棄却することになり，肥料が収穫量に影響を与えていることがわかる．

　回帰係数 $\beta = [\alpha_1 \ \alpha_2 \ \alpha_3]^t$ の関係

　　$\alpha_k = \mu_k - \mu$,　k=1,2,3

　　$\alpha_3 = -\alpha_2 - \alpha_1$

を使って，次のように，回帰係数の出力から，各レベルでの収穫量の平均値 μ_k, k=1,2,3 を推定できる．

　　全体の平均=7.5433

肥料 A の平均値 = 2.0767 +7.5433

肥料 B の平均値 = -3.153+7.5433

肥料 C の平均値 = -(2.0767-3.153)+7.5433

回帰係数は，全体の平均から収穫量を押し上げる，あるいは下げる量を示している．

5.4.2 2元配置分散分析

回帰分析で1元配置分析が可能だったように，2元配置分散分析も回帰分析により行うことができる．2元配置分散分析の標本の統計モデルは

$y_{rci}=\mu+\alpha_r+\beta_c+\gamma_{rc}+\varepsilon_{rci}$, r=1,...,R , c=1,...,C , i=1,...,n_{rc}

y_{rci} 　　　　　　　標本群 k の i 番目の標本

$\alpha_r=\mu_{r\cdot}-\mu$ 　　　　　行要因 r の効果

$\beta_c=\mu_{\cdot c}-\mu$ 　　　　　列要因 c の効果

$\gamma_{rc}=\mu_{rc}-\mu_{r\cdot}-\mu_{\cdot c}+\mu$ 　　行要因 r と列要因 c の交互作用効果

ε_{rci} 　　　　　　　確率的要素，要因で説明できない成分，誤差項，

　　　　　　　　　$\varepsilon_{rci} \sim N(0,\sigma^2)$

n_{rc} 　　　　　　　rc 標本群の標本数

となる．この統計モデルにおいても，分散分析の場合と同様に，標本の正規性と等分散性が仮定されている．

関係

$$\sum_{r=1}^{R}\alpha_r=0, \quad \sum_{c=1}^{C}\alpha_c=0, \quad \sum_{r=1}^{R}\lambda_{rc}=\sum_{c=1}^{C}\lambda_{rc}=0$$

を考慮して，この統計モデルによる標本を行列で表せば，1元配置分散分析の場合と同様に，重回帰分析の統計モデルと同じになることがわかる．

R-1 個の行要因を指示する指示変数，C-1 個の列要因を指示する指示変数

$$X_r = \begin{cases} 1 & y \in 行r \\ -1 & y \in 行R \\ 0 & その他 \end{cases} \quad r=1,...,R\text{-}1$$

$$Z_c = \begin{cases} 1 & y \in 列c \\ -1 & y \in 列C \quad c=1,...,C-1 \\ 0 & その他 \end{cases}$$

を導入して，確率変数とする目的変数の期待値を

$$E[Y] = \mu + \sum_{r=1}^{R-1} \alpha_r X_r + \sum_{c=1}^{C-1} \beta_c Z_c + \sum_{r=1}^{R-1}\sum_{c=1}^{C-1} \gamma_{rc} X_r Z_c + \varepsilon_{rci}$$

と表す．回帰係数 μ, α_1, α_2, $\cdots$, α_{R-1}, β_1, β_2, $\cdots$, β_{C-1}, を求めることにより，次のような帰無仮説を検定できる．

H_{0RC}: $\gamma_{rc} = 0$, $r=1,...,R-1$, $c=1,...,C-1$
H_{0R}: $\alpha_1 = \alpha_2 = \cdots = \alpha_{R-1} = 0$
H_{0C}: $\beta_1 = \beta_2 = \cdots = \beta_{C-1} = 0$

Excel 操作 ⑥：回帰分析による 2 元配置分散分析 (1)

「Excel 操作 ②：交互作用の検定(1)」の標本を使って，回帰分析による 2 元配置分散分析を行う．

	列要因1	列要因2	行平均
行要因1	3.1	6.1	4.575
	3.2	5.9	
行要因2	5	7.9	6.45
	5.1	7.8	
行要因3	2.9	11.1	7
	2.8	11.2	
列平均	3.68333	8.33333	6.008

手順1 上の表をもとに，デザイン行列を作成する．

	A	B	C	D	E	F
1	X_2	X_3	Z_1	$X_2 Z_1$	$X_3 Z_1$	Y
2	1	0	1	1	0	5
3	1	0	1	1	0	5.1
4	0	1	1	0	0	2.9
5	0	1	1	0	0	2.8
6	-1	-1	1	-1	1	3.1
7	-1	-1	1	-1	1	3.2
8	1	0	-1	-1	0	7.9
9	1	0	-1	-1	0	7.8
10	0	1	-1	0	0	11.1
11	0	1	-1	0	0	11.2
12	-1	-1	-1	-1	1	6.1
13	-1	-1	-1	-1	1	5.9

[第5章] 分散分析

手順2 「分析ツール」の「回帰分析」を選択する．ダイアログ「回帰分析」が表示される．各項目を次のように設定後，「OK」ボタンをクリックする．

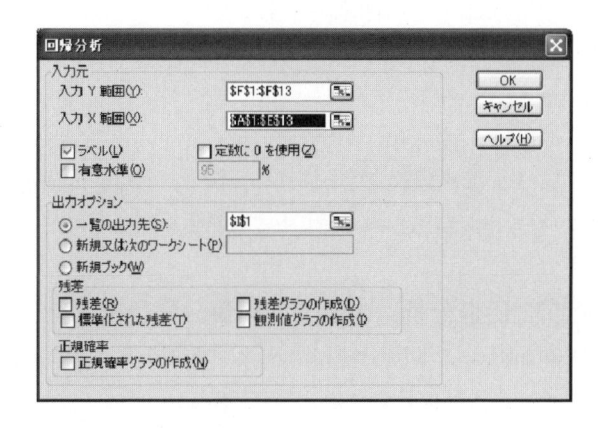

入力範囲	$f1:$f$13
入力 X 範囲	a1:e13
ラベル	チェックを入れる
一覧の出力先	i1

手順3 デザイン行列のあるワークシート i1 に回帰係数が表示される．

	係数	標準誤差	t	P-値	下限 95%	上限 95%
切片	6.0083	0.025	240.33	3.5E-13	5.947160537	6.069506129
X2	0.4417	0.0354	12.492	1.6E-05	0.355155269	0.528178065
X3	0.9917	0.0354	28.049	1.4E-07	0.905155269	1.078178065
Z1	-4.15	0.0433	-95.84	8.7E-11	-4.25595439	-4.04404561
X2Z1	2.75	0.0612	44.907	8.2E-09	2.600157863	2.899842137
X3Z1	5.475	0.1061	51.619	3.5E-09	5.215465806	5.734534194

帰無仮説 H_{0RC} : $\gamma_{21}=\gamma_{31}=0$ の棄却となり，交互作用があることになる．もし，棄却できなければ，出力した回帰係数の統計量から帰無仮説 H_{0R} : $\alpha_2=\alpha_3=0$ と H_{0C} : $\beta_1=0$ を検定する．

回帰係数の間の関係を使って，α_1 と γ_{11} は

$$\alpha_1=-\alpha_2-\alpha_3$$

$$\gamma_{11}=-\gamma_{21}-\gamma_{31}$$

により計算する．

回帰係数の定義とその関係から導ける

$$\alpha_r=\mu_r-\mu, \quad r=1,2,3$$
$$\beta_c=\mu_{\cdot c}-\mu, \quad c=1,2$$
$$\alpha_3=-\alpha_1-\alpha_2, \quad \beta_2=-\beta_1$$

を使って，1元配置分散分析と同様の方法で，平均値 μ_r や $\mu_{\cdot c}$ の推定ができるが，交互作用があるので，求めてもあまり意味を持たない．

Excel 操作 ⑦：回帰分析による2元配置分散分析 (2)

左下の表の標本を使って，回帰分析による2元配置分散分析を行う．この表をもとにしたデザイン行列を右下に示す．

	列要因1	列要因2	行平均
行要因1	8.1	11	9.6
	8.2	11.1	
行要因2	3.2	6	4.55
	3.1	5.9	
行要因3	8.2	11	9.625
	8.3	11	
列平均	6.51667	9.33333	7.925

X_2	X_3	Z_1	X_2Z_1	X_3Z_1	Y
1	0	1	1	0	3.2
1	0	1	1	0	3.1
0	1	1	0	1	8.2
0	1	1	0	1	8.3
-1	-1	1	-1	-1	8.1
-1	-1	1	-1	-1	8.2
1	0	-1	-1	0	6
1	0	-1	-1	0	5.9
0	1	-1	0	-1	11
0	1	-1	0	-1	11
-1	-1	-1	1	1	11
-1	-1	-1	1	1	11.1

「分析ツール」の「回帰分析」を使えば，次に示す回帰係数が表示される．

	係数	標準誤差	t	P-値	下限 95%	上限 95%
切片	7.925	0.0186	425.3	1.1E-14	7.87940449	7.97059551
X2	-3.375	0.0264	-128.1	1.5E-11	-3.43948179	-3.31051821
X3	1.7	0.0264	64.51	9.3E-10	1.635518211	1.764481789
Z1	-1.375	0.0323	-42.6	1.1E-08	-1.45397374	-1.29602626
X2Z1	-0.025	0.0456	-0.548	0.60365	-0.13668573	0.086685735
X3Z1	-0.1	0.0791	-1.265	0.25281	-0.29344537	0.093445367

帰無仮説 H_{0RC}：$\gamma_{21}=\gamma_{31}=0$ の棄却ができず，交互作用はない．したがって，主効果に関する帰無仮説 H_{0R}：$\alpha_2=\alpha_3=0$ と H_{0C}：$\beta_1=0$ の検定を行う．両者ともに棄却となり，各要因の主効果があることになる．

[第5章] 分散分析

回帰係数の出力から，回帰係数の関係

$\alpha_r = \mu_{r\cdot} - \mu$, r=1,2,3

$\beta_c = \mu_{\cdot c} - \mu$, c=1,2

$\alpha_3 = -\alpha_1 - \alpha_2$, $\beta_2 = -\beta_1$

を使って，1元配置分散分析と同様の方法で，平均値 $\mu_{r\cdot}$ や $\mu_{\cdot c}$ の推定ができる．

Note ⑥

1. 分散分析の標本に関する統計モデルが回帰分析の統計モデルと同じになることから，回帰分析による分散分析を行う場合，各群の標本数は同数でなくてもよい．

第6章 比率の検定

6.1 母比率の検定

6.1.1 標準正規分布による検定

母集団の中で,ある事象が発生する割合を**母比率**という.母比率 p の事象が N 個の標本中で n 回発生する**観測比率(標本比率)** n/N は

$$\frac{n}{N} \sim N(p, \frac{p(1-p)}{N}) \quad \rightarrow \quad \frac{\frac{n}{N}-p}{\sqrt{\frac{p(1-p)}{N}}} \sim N(0,1)$$

に従う.

ある事象の標本比率 $\hat{p}$=n/N から,「母比率が $p \neq p_0$,$p<p_0$,あるいは $p>p_0$ である」ことを検証する際の仮説は

・両側検定

　　帰無仮説 H_0: $p=p_0$

　　対立仮説 H_1: $p \neq p_0$

・片側検定

　　帰無仮説 H_0: $p=p_0$

　　対立仮説 H_1: $p>p_0$

・片側検定

　　帰無仮説 H_0: $p=p_0$

対立仮説 H_1 : $p<p_0$
となる．使う統計量は

$$Z=\frac{\hat{p}-p_0}{\sqrt{\dfrac{p_0(1-p_0)}{N}}} \sim N(0,1)$$

である．

> Note ①

1. 確率変数 X の値を

$$X=\begin{cases}0\\1\end{cases}$$

とする．値1をとる確率が p ならば，確率変数 X の確率分布はベルヌーイ分布

$$P(X)=p^X(1-p)^{1-X}$$

に従う．この確率変数の期待値と分散は

$$E[X]=1\cdot P(X=1)+0\cdot P(X=0)=p$$
$$Var(X)=(1-E[X])^2\cdot P(X=1)+(0-E[X])^2\cdot P(X=0)=p(1-p)$$

となる．

$P(X)$ に従い，互いに独立している N 個の確率変数からなる新たな確率変数 $\overline{X}=(X_1+X_2+\cdots+X_N)/N$ を導入する．N を増加させていけば，中心極限定理により，標準正規分布の確率変数

$$Z=\frac{\overline{X}-p}{\sqrt{\dfrac{p(1-p)}{N}}} \sim N(0,1)$$

を得る．確率変数 $\overline{X}$ の値は標本平均 $\hat{p}=n/N$ になる．

2. $P(X)$ に従う N 個の確率変数の和 $X_1+X_2+\cdots+X_N$ からなる確率変数 $W=N\overline{X}$ は，2項分布 $B(N,p)$

$$P(W=n)={}_N C_{N-n} p^n (1-p)^{N-n}$$

に従う．2項分布の期待値と分散は

$$E[W]=Np$$

$$\mathrm{Var}(W) = Np(1-p)$$

である．中心極限定理によれば，N を増加させると

$$Z = \frac{W - Np}{\sqrt{Np(1-p)}} \sim N(0,1)$$

となる．さらに，分母・分子を N で割れば

$$Z = \frac{\frac{W}{N} - p}{\sqrt{\frac{p(1-p)}{N}}} = \frac{\overline{X} - p}{\sqrt{\frac{p(1-p)}{N}}} \sim N(0,1)$$

を得る．

3. 母比率の検定や推定は，カテゴリ変数に関する分析である．たとえば，下の左表の「検査項目1」がカテゴリ変数で，その値は良，不良である．通常は，生データをカテゴリ値毎に分けて，その標本数を集計する．右表がそれである．左表の「検査項目1」の値はベルヌーイ分布，右表の「検査項目1」の値は2項分布に従う．

標本番号	検査項目1
1	良
2	不良
⋮	⋮
9	不良
105	良

→

検査項目1	良	23
	不良	82
合計		105

4. 母比率の区間推定は

$$-z_{\alpha/2} \leq \frac{\hat{p} - p}{\sqrt{\frac{p(1-p)}{N}}} \leq z_{\alpha/2} \quad \rightarrow \quad \hat{p} - z_{\alpha/2}\sqrt{\frac{p(1-p)}{N}} \leq p \leq \hat{p} + z_{\alpha/2}\sqrt{\frac{p(1-p)}{N}}$$

となるが，母比率 p は未知なので，分散 p(1−p)/N の p に推定量 $\hat{p}$=n/N を使う．

Excel 操作 ①：正規分布による平均値の片側検定

製造ラインのデータを例に，平均値の片側検定を行う．製造ラインの製品不良率が，2000 台の標本抽出した製品に対して，先月は 10%，今月は 12%であった．真の不良率を 10%として，不良率が高くなったことを検定する．

製品不良の発生確率を p とする．「不良率が高くなった」ことを検証したいので，帰無仮説と対立仮説は

H_0： p=0.1

H_1： p>0.1

による片側検定になる．帰無仮設のもとで，分散は既知の p(1-p)である．検定用統計量 z の式に，$\hat{p}$=0.12，p_0=0.1，n=2000 を代入して値 2.98 を得る．Excel のワークシート関数を使って，α=0.05 の境界点

z_α=normsinv(0.95)=1.645

を得る．z_α<2.98 なので，帰無仮説を有意水準 5%で棄却し，不良率の上昇は偶然ではなく，先月に比べて高くなったと判断できる．

不良率に変化があったかどうかを検定したければ，次の仮説による両側検定になる．

H_0： p=0.1

H_1： p≠0.1 → p<0.1，p>0.1

6.1.2　2 項分布による検定

帰無仮説（$p=p_0$）の検定には，2 項分布を正規分布で近似できることを利用するほかに，2 項分布を直接利用して，次のように有意確率を求めて検定ができる．

・2 項分布： $P(X=n) = {}_N C_n p_0^n (1-p_0)^{N-n}$

　　両側検定　　$2\min(P(X \geq n), P(X \leq n))$ と有意水準 α の比較

　　片側検定　　対立仮説 $p>p_0$ ： $P(X \geq n)$ と有意水準 α の比較

　　　　　　　　対立仮説 $p<p_0$ ： $P(X \leq n)$ と有意水準 α の比較

・ワークシート関数

　　$P(X \geq n)$　　　1-binomdist(n-1,N,p_0,1)

$P(X \leq n)$ binomdist(n,N,p_0,1)

ワークシート関数 critbinom は信頼区間を計算する．これを使って，両側 100α％，上・下側 100α％点を求めることができるので，次のように検定ができる．

・両側検定

n<critbinom(N,p_0,α/2), n>critbinom(N,p_0,1-α/2)ならば帰無仮説 H_0 を棄却

・片側検定

対立仮説 p<p_0　　n<critbinom(N,p_0,α)ならば帰無仮説を棄却

対立仮説 p>p_0　　n>critbinom(N,p_0,1-α)ならば帰無仮説を棄却

Excel 操作 ②：2 項分布による平均値の片側検定

「Excel 操作 ①：正規分布による平均値の片側検定」の検定を，2 項分布を使って行う．2000 台の製品の不良率が 12％なので，不良発生度数 n=240 である．検証したい確率 p_0 を先月の不良率 0.1 にする．

次の式をセルに入力する．

```
セル b4    =binomdist(b2,b1,b3,1)
セル b5    =1-binomdist (b2-1,b1,b3,1)
セル b6    =critbinom(b1,b3,0.025)
セル b7    =critbinom(b1,b3,0.975)
セル b8    =2*min(b4,b5)
セル b9    =b5
セル b10   =b4
```

	A	B
1	試行回数N	2000
2	発生回数n	240
3	仮説確率p_0	0.1
4	累積確率P(X<=n)	0.9984
5	P(X>=n)	0.002
6	下側信頼限界点	174
7	上側信頼限界点	227
8	有意確率(両側)	0.0041
9	有意確率(片側,上)	0.002
10	有意確率(片側,下)	0.9984

有意確率(片側,上) 0.002<0.05 なので,帰無仮説の棄却となる.故に,不良率が上昇したとみなせる.不良台数 240 が 95%信頼区間 174〜227 の間に落ちていないことからも帰無仮説の棄却がわかる.

6.1.3　F分布・β分布による検定

2項分布 $B(N, p_0)$ と F分布 $F(\nu_1=2n, \nu_2=2(N-n+1))$ の累積確率の関係

$$P(X \geq n) = p(F < \frac{\nu_2 p_0}{\nu_1(1-p_0)})$$

$$P(X < n) = p(F > \frac{\nu_2 p_0}{\nu_1(1-p_0)})$$

を使って,有意確率 $P(X \geq n)$ や $P(X \leq n)$ は,次のように計算できる.

$$P(X \geq n) = P(F < \frac{\nu_2 p_0}{\nu_1(1-p_0)}), \quad \nu_1=2n, \quad \nu_2=2(N-n+1)$$

$$P(X \leq n) = P(X < n+1) = p(F > \frac{\nu'_2 p_0}{\nu'_1(1-p_0)}), \quad \nu'_1=2(n+1), \quad \nu'_2=2(N-n)$$

有意確率を計算するワークシート関数は

$$P(X \geq n) = 1 - \text{fdist}(\frac{\nu_2 p_0}{\nu_1(1-p_0)}, \nu_1, \nu_2)$$

$$P(X \leq n) = \text{fdist}(\frac{\nu'_2 p_0}{\nu'_1(1-p_0)}, \nu'_1, \nu'_2), \quad \text{あるいは}$$

$$= \text{fdist}(\frac{\nu_2 p_0}{\nu_1(1-p_0)}, \nu_1, \nu_2) + \text{binomdist}(n, N, p_0, 0)$$

である.

2項分布 $B(N,p_0)$ と β 分布 $\beta(n,N-n+1)$ の累積確率の関係

$P(X \geq n) = p(\beta < p_0)$

$P(X < n) = p(\beta > p_0)$

を使って，有意確率は次のように計算する．

$P(X \geq n) = p(\beta < p_0)$, $\beta \sim \beta(n, N-n+1)$

$P(X \leq n) = P(X < n+1) = p(\beta > p_0)$, $\beta \sim \beta(n+1, N-n)$

有意確率を計算するワークシート関数は

$P(X \geq n) = \text{betadist}(p_0, n, N-n+1)$

$P(X \leq n) = 1 - \text{betadist}(p_0, n+1, N-n)$, あるいは

$\qquad = 1 - \text{betadist}(p_0, n, N-n+1) + \text{binomdist}(n, N, p_0, 0)$

である．

Note ②

1. 母比率の信頼率 $1-\alpha$ の信頼区間の上限・下限点は

    F 分布

    $P(X \geq n_L) = \alpha/2 \quad \rightarrow \quad \dfrac{\nu_2 p_L}{\nu_1 (1-p_L)} = f_{\alpha/2} \quad \rightarrow \quad p_L = \dfrac{f_{\alpha/2} \nu_1}{\nu_2 + f_{\alpha/2} \nu_1}$

    $P(X \leq n_U) = \alpha/2 \quad \rightarrow \quad \dfrac{\nu_2' p_U}{\nu_1' (1-p_U)} = f_{\alpha/2} \quad \rightarrow \quad p_U = \dfrac{\nu_1' f_{\alpha/2}}{\nu_2' + \nu_1' f_{\alpha/2}}$

    β 分布

    $P(X \geq n_L) = \alpha/2 \quad \rightarrow \quad p(\beta < p_L) = \alpha/2$, $\beta \sim \beta(n, N-n+1)$

    $P(X \leq n_U) = 1 - \alpha/2 \quad \rightarrow \quad p(\beta > p_U) = 1 - \alpha/2$, $\beta \sim \beta(n+1, N-n)$

である．

Excel 操作 ③：F 分布と β 分布による平均値の片側検定

「Excel 操作 ①：正規分布による平均値の片側検定」の検定を，F 分布，β 分布を使って行う．次の式をセルに入力する．

```
セル c4     =2*c2
セル c5     =2*(c1-c2+1)
セル c6     =(c5*c3)/(c4*(1-c3))
セル c7     =fdist(c6,c4,c5)+binomdist(c2,c1,c3,0)
セル c8     =1-fdist(c6,c4,c5)
セル c9     =1-betadist(c3,c2,c1-c2+1)+binomdist(c2,c1,c3,0)
セル c10    =betadist(c3,c2,c1-c2+1)
セル c11    =2*min(c7,c8)
セル c12    =c8
セル c13    =c7
```

	A	B	C
1		試行回数N	2000
2		発生回数n	240
3		仮説確率p_0	0.1
4	F分布	第1自由度ν_1	480
5		第2自由度ν_2	3522
6		f値	0.815
7		累積確率P(X<=n)	0.998
8		P(X>=n)	0.002
9	β分布	累積確率P(X<=n)	0.998
10		P(X>=n)	0.002
11		有意確率(両側)	0.004
12		有意確率(片側,上)	0.002
13		有意確率(片側,下)	0.998

有意確率（片側, 上）0.002<0.05 なので，帰無仮説の棄却となる．

Excel 操作 ④：平均値の区間推定

「Note ②」に従って，「Excel 操作 ③：F分布とβ分布による平均値の片側検定」における母比率の信頼区間を求める．

次の式をセルに入力する．

```
セル g4    =2*g2
セル g5    =2*(g1-g2+1)
セル g6    =finv(0.975,g4,g5)
セル g7    =g6*g4/(g5+g6*g4)
セル g9    =2*(g2+1)
セル g10   =2*(g1-g2)
セル g11   =finv(0.025,g9,g10)
セル g12   =g9*g11/(g10+g9*g11)
セル g13   =betainv(0.025,g2,g1-g2+1)
セル g14   =betainv(0.975,g2+1,g1-g2)
```

	E	F	G
1		試行回数N	2000
2		発生回数n	240
3		α	0.05
4	F分布	第1自由度ν_1	480
5		第2自由度ν_2	3522
6		$f_{\alpha/2}$	0.871
7		信頼下限P_L	0.106
8			
9		第1自由度ν_1	482
10		第2自由度ν_2	3520
11		$f_{\alpha/2}$	1.14
12		信頼上限P_U	0.135
13	β分布	信頼下限P_L	0.106
14		信頼上限P_U	0.135

母集団の不良率の95%信頼区間は，$0.106 \leq p \leq 0.135$ となる．

6.2 母比率分布の検定（適合度の検定）

母比率の検定では，統計量

$$\chi^2 = \sum_{k=1}^{K} \frac{(n_k - Np_k)^2}{Np_k} \sim \chi^2(\mathrm{df})$$

p_k	事象 k の母比率
Np_k	事象 k の**理論度数（期待度数）**（≧5 であること）
n_k	事象 k の**観察度数**
df	K-1- 理論度数の計算に使ったパラメータ数

$$\begin{array}{ll} \text{たとえば，一様分布} & K-1 \\ \text{2項分布} & K-1-1 \\ \text{正規分布} & K-1-2 \end{array}$$

を使って，

 帰無仮説 H_0：「観測した事象の度数分布は，仮説から導く度数分布（**理論度数分布**）に従う」

を検定する．これを**適合度の検定**という．ただし，事象は互いに排他的な事象であることが前提である．統計量 χ^2 は理論度数と観測度数の隔たりの尺度とみなすことができ，これを**ピアソンのカイ2乗統計量**と呼んでいる．

Note ③

1. 度数調査の前に N を固定するならば，K 個の排他的事象の度数 $(n_1,n_2,\cdots,n_K)$ は，多項分布 $M(N,p_1,p_2,\cdots,p_K)$ に従い，その確率は

$$P(n_1,n_2,\cdots,n_K)=\frac{N!}{n_1!n_2!\cdots n_K!}p_1^{n_1}p_2^{n_2}\cdots p_K^{n_K}$$

$$N=n_1+n_2+\cdots+n_K,\quad p_1+p_2+\cdots+p_K=1$$

である．多項分布の各パラメータ p_k，$k=1,2,...,K$ の最尤推定法による推定量は**観測比率** $\hat{p}_k=n_k/N$ である．

 この推定量をパラメータにした多項分布 $\hat{P}(n_1,n_2,\cdots,n_K)$ と $P(n_1,n_2,\cdots,n_K)$ の隔たりの尺度として，対数尤度比 $-2LLR$

$$-2LLR = 2(\ln P(n_1,n_2,\cdots,n_K;\hat{p}_1,\hat{p}_2,\cdots,\hat{p}_K) - \ln P(n_1,n_2,\cdots,n_K;p_1,p_2,\cdots,p_K))$$

$$= 2\sum_{k=1}^{K}n_k(\ln\hat{p}_k - \ln p_k)$$

がある．$\hat{p}_k \approx p_k$ ならば，N を大きくしていけば，$-2LLR$ はピアソンのカイ2乗統計量

χ^2 で近似できることがわかっている.
2. 適合度の検定において,度数調査の前にNを固定しなければ,度数はポアソン分布に従うことになるが,多項分布の場合と同じ理由により,−2LLR は,ピアソンのカイ 2 乗統計量 χ^2 で近似できる.

Excel 操作 ⑤:正規分布の検定

〔第 2 章 標本調査〕の「Excel 操作 ⑥:平均値の差の検定」のデータ X が,母平均 25.6,標準偏差 3.13 の正規分布からの標本であることを,ピアソンのカイ 2 乗統計量 χ^2 を使って検定する.

手順1 仮定した正規分布での理論度数を求める準備として,X の区分点を,正規化の式

$$Z = \frac{X - 25.6}{3.13} \sim N(0,1)$$

を使って求める.$Z=-1,0,1$ に対応する X の区分点の計算式を,各セルに入力する.

```
セル d2   =c2*a13+a12
セル d3   =c3*a13+a12
セル d4   =c4*a133+a12
```

	A	B	C	D
1	X		Z	X
2	22.5		-1	22.48
3	22.8		0	25.61
4	28		1	28.74
5	31			
6	24.9			
7	24.4			
8	30.2			
9	23.3			
10	22.9			
11	26.1			
12	25.6	←平均値		
13	3.13	←標準偏差		

手順2 d2:d4 で指定した区分区間の観察度数を求める式をセルに入力する．セル範囲 g2:g5 を選択して，式

> =frequency(a2:a11,d2:d4)

を入力する．キー「Ctrl」，「Shift」と順次押し続けて，「Enter」を押す．

	F	G	H	I
1	区分区間	観察度数O	理論度数E	(O-E)2/E
2	~22.48	0	1.5865525	1.586553
3	22.48~25.61	6	3.4134475	1.95997
4	25.61~28.74	2	3.4134475	0.585283
5	28.74~	2	1.5865525	0.107742
6			χ^2値	4.239548
7			上側5%点	3.841459

手順3 区分区間の理論度数を求める式を，セルに入力する．

> セル h2 　=count(a2:a11)*normdist(d2,a12,a13,1)
> セル h3 　=count(a2:a11)*normdist(d3,a12,a13,1)-h2
> セル h4 　=count(a2:a11)*normdist(d4,a12,a13,1)-h2-h3
> セル h5 　=count(a2:a11)*(1-normdist(d4,a12,a13,1))

手順4 セル i2 に，ピアソンのカイ 2 乗統計量を構成する式

> =(g2-h2)^2/h2

を入力する．オートフィル機能を使って，セル i2 の式をセル範囲 i3:i5 にコピーする．

手順5 セル i6 に，ピアソンのカイ 2 乗統計量を求める式

[第 6 章] 比率の検定　**173**

> =sum(i2:i5)

を入力する．

手順6 セル i7 に，カイ 2 乗分布の上側 5%点を求める式

> =chiinv(0.05,1)

を入力する．データから計算した母平均と母標準偏差の推定量を検定統計量に使っているので，自由度は（区分数-1-2）となる．
　統計量がカイ 2 乗分布の上側 5%点を超えているので，有意水準 5%で帰無仮説の棄却となり，データ X は母平均 25.6, 標準偏差 3.13 の正規分布からの標本ではないことになる．

Excel 操作 ⑥：カイ 2 乗検定による母比率の検定

　K=2 の場合には，検定統計量 χ^2 に $p_1=p$, $p_2=1-p$, $n_1=n$, $n_2=N-n$ を導入すれば

$$\chi^2 = \sum_{k=1}^{2} \frac{(n_k - Np_k)^2}{Np_k} = \frac{(n-Np)^2}{Np(1-p)} = \frac{(n/N-p)^2}{p(1-p)/N}$$

となる．母比率に関する検定統計量の 2 乗なので，この統計量を母比率に関する仮説

　　帰無仮説 H_0: $p=p_0$
　　対立仮説 H_1: $p \neq p_0$

の検定に使用できる．しかし，分子が 2 乗になっているため，母比率と観測比率の大小の位置に関する情報が失われている．したがって，ピアソンのカイ 2 乗検定を母比率の検定に使う場合には，片側検定にあたるものはない．
　「Excel 操作 ①：正規分布による平均値の片側検定」のデータに，ピアソンのカイ 2 乗検定を適用して母比率の検定を行う．2000 台の製品の不良率が 12%なので，不良発生度数 n=240 である．排他的事象の不良品と良品の度数は 240 と 1760,

不良品の期待度数は 0.1×2000,そして,良品の期待度数は 0.9×2000 である.
次の式を各セルに入力する.

```
セル b19    =b15*b14
セル c19    =b14*(1-b15)
セル b20    =(b18-b19)^2
セル c20    =(c18-c19)^2
セル c21    =sum(b20/b19,c20/c19)
セル c22    =chidist(c21,1)
セル c23    =chiinv (0.05,1)
```

	A	B	C
14	標本数	2000	
15	仮説不良確率	0.1	
16			
17		不良品数	良品数
18	発生回数	240	1760
19	期待発生回数	200	1800
20	発生回数差の2乗	1600	1600
21	χ^2値		8.889
22	有意確率$P(\chi^2>\chi^2$値$)$		0.003
23	片側5%点(上)$\chi^2_{\alpha=0.05}$		3.841

有意確率 0.003<0.05（8.889>上側 5%点）で帰無仮説の棄却となる.不良率に変化があったことになる.

6.3 母比率の差の検定

母集団の 2 つの群における事象 A の母比率を p_1,p_2 とする.さらに,この 2 群からの N_1,N_2 個の標本において,事象 A の標本比率を $\hat{p}_1=n_1/N_1$,$\hat{p}_2=n_2/N_2$ とする.この標本比率から,「母比率が $p_1 \neq p_2$,$p_1 > p_2$,あるいは $p_1 < p_2$」を検証したいときの仮説は

両側検定

帰無仮説 H_0： $p_1=p_2$
対立仮説 H_1： $p_1 \neq p_2$

片側検定
帰無仮説 H_0： $p_1=p_2$
対立仮説 H_1： $p_1 > p_2$

片側検定
帰無仮説 H_0： $p_1=p_2$
対立仮説 H_1： $p_1 < p_2$

となる．

第2章の「Excel操作⑥：平均値の差の検定」の場合と同様に，帰無仮説 $p_1=p_2=p$ のとき，仮説検定に使う統計量は

$$Z=\frac{\hat{p}_1-\hat{p}_2}{\sqrt{\left(\frac{1}{N_1}+\frac{1}{N_2}\right)p(1-p)}} \sim N(0,1)$$

となる．ただし，母比率 p は未知なので，分散の計算には観測比率

$$p=\frac{n_1+n_2}{N_1+N_2}$$

を使う．

Note ④

1. 母比率の差の検定は，2 つのカテゴリ変数に関する分析である．たとえば，2 つの群（男と女）で，事象「携帯電話所持に賛成」の比率に差があるか否かを，下のような集計表から，母比率の差の検定を使って検証できる．「携帯電話所持」や「性別」はカテゴリ変数である．

性別 ＼ 携帯電話所持	賛成	反対
男	40	60
女	20	10

このような集計表を**クロス集計表**，特に，2つのカテゴリ変数の値が2値の場合には**2×2クロス集計表**と呼んでいる．

2. N_1, N_2 が大きければ，中心極限定理により

$$\hat{p}_1 = \frac{n_1}{N_1} \sim N(p_1, \frac{p_1(1-p_1)}{N_1}), \quad \hat{p}_2 = \frac{n_2}{N_2} \sim N(p_2, \frac{p_2(1-p_2)}{N_2})$$

となる．また，正規分布の性質から

$$\hat{p}_1 - \hat{p}_2 \sim N(p_1 - p_2, \frac{p_1(1-p_1)}{N_1} + \frac{p_2(1-p_2)}{N_2})$$

を導けるので

$$Z = \frac{\hat{p}_1 - \hat{p}_2 - (p_1 - p_2)}{\sqrt{\frac{p_1(1-p_1)}{N_1} + \frac{p_2(1-p_2)}{N_2}}} \sim N(0,1)$$

となる．$p_1 = p_2$（帰無仮説）とすれば，母比率の差の検定統計量を得る．

3. 標準正規分布の両側 100α %点を $(-z_{\alpha/2}, z_{\alpha/2})$ とするならば，母比率の差の信頼率 $1-\alpha$ の信頼区間は

$$-z_{\alpha/2} \leq \frac{\hat{p}_1 - \hat{p}_2 - (p_1 - p_2)}{\sqrt{\frac{p_1(1-p_1)}{N_1} + \frac{p_2(1-p_2)}{N_2}}} \leq z_{\alpha/2}$$

$$\rightarrow \quad \hat{p}_1 - \hat{p}_2 - z_{\alpha/2} \sqrt{\frac{\hat{p}_1(1-\hat{p}_1)}{N_1} + \frac{\hat{p}_2(1-\hat{p}_2)}{N_2}} \leq p_1 - p_2$$

$$\leq \hat{p}_1 - \hat{p}_2 + z_{\alpha/2} \sqrt{\frac{\hat{p}_1(1-\hat{p}_1)}{N_1} + \frac{\hat{p}_2(1-\hat{p}_2)}{N_2}}$$

となる．ただし，母比率 p_1 や p_2 は未知なので，分散 $p_1(1-p_1)/N_1$ や $p_2(1-p_2)/N_2$ の計算には，観測比率 $\hat{p}_1$, $\hat{p}_2$ を使う．

4. 次の表のような互いに従属する母比率の差の検定に使う統計量は

$$Z = \frac{\hat{p}_{k_1} - \hat{p}_{k_2}}{\sqrt{\frac{\hat{p}_{k_1} + \hat{p}_{k_2}}{N}}} \sim N(0,1), \quad \hat{p}_{k_1} = \frac{n_{k_1}}{N}, \quad \hat{p}_{k_2} = \frac{n_{k_2}}{N}$$

である．この表のような排他的事象である各項目の選択数（度数）は，多項分布

$M(N,p_1,p_2,\cdots,p_K)$ に従う.

	項目 1	項目 2	...	項目 K	合計
選択数	n_1	n_2		n_K	N

5. 多項分布の確率関数は

$$P(X_1,X_2,\cdots,X_K,p_1,p_2,\cdots,p_K)=\frac{N!}{X_1!X_2!\cdots X_K!}p_1^{X_1}p_2^{X_2}\cdots p_K^{X_K}$$

$N=X_1+X_2+\cdots+X_K$, $p_1+p_2+\cdots+p_K=1$

であり,その分散,共分散,期待値は,それぞれ

$\mathrm{Var}(X_k)=E[(X_k-E[X_k])^2]=Np_k(1-p_k)$
$\mathrm{COV}(X_k,X_{k'})=E[(X_k-E[X_k])(X_{k'}-E[X_{k'}])]=-Np_kp_{k'}$
$E[X_k]=Np_k(1-p_k)$

である.

6. $N\to\infty$ とすれば,多次元中心極限定理により,多項分布は多次元正規分布に近づく. 標本比率の確率分布は

$$\left(\frac{n_1}{N},\frac{n_2}{N},\cdots,\frac{n_K}{N}\right)\sim N(p_1,p_2,\cdots,p_K,\Sigma)$$

$\Sigma_{kk'}=-p_kp_{k'}/N$

$\Sigma_{kk}=p_k(1-p_k)/N$

となる.

7. 多次元正規分布 $N(\mu,\Sigma)$ に従う確率変数 $X=X_1,X_2,\cdots,X_K$ の一次結合 $a_1X_1+a_2X_2+\ldots+a_KX_K$ は,正規分布に従う.

$\mathbf{a}^t X=a_1X_1+a_2X_2+\ldots+a_KX_K\sim N(\mathbf{a}^t\mu,\mathbf{a}^t\Sigma\mathbf{a})$

いま,$a_{k_2}=-1$,$a_{k_1}=1$,その他の係数を0とするならば

$X_{k_2}-X_{k_1}\sim N(\mu_{k_2}-\mu_{k_1},\Sigma_{k_1k_1}+\Sigma_{k_2k_2}-2\Sigma_{k_1k_2})$

を導くことができる.これから,互いに従属する母集団の標本比率の分布は

$$\hat{p}_{k_2}-\hat{p}_{k_1}\sim N\left(p_{k_2}-p_{k_1},\frac{p_{k_1}(1-p_{k_1})+p_{k_2}(1-p_{k_2})+2p_{k_1}p_{k_2}}{N}\right)$$

$$Z=\frac{\hat{p}_{k_2}-\hat{p}_{k_1}-(p_{k_2}-p_{k_1})}{\sqrt{\dfrac{p_{k_1}(1-p_{k_1})+p_{k_2}(1-p_{k_2})+2p_{k_1}p_{k_2}}{N}}}\sim N(0,1)$$

となる．ここで，帰無仮説 $p_{k_2}=p_{k_1}$ を仮定するならば，互いに従属する母比率の差の検定に使う統計量を導くことができる．

$$Z=\frac{\hat{p}_{k_2}-\hat{p}_{k_1}}{\sqrt{\dfrac{p_{k_1}+p_{k_2}}{N}}}\sim N(0,1)$$

分母の分散の計算には，p_{k_2} や p_{k_1} は未知なので，標本比率を使う．

8. 全体 A（標本数 N）とその部分 B（標本数 N_1）の関係を持つ 2 つの母集団におけるある事象の母比率の検定に使う統計量は

$$Z=\frac{\hat{p}-\hat{p}_1}{\sqrt{\hat{p}(1-\hat{p})\dfrac{N-N_1}{NN_1}}}\sim N(0,1)$$

$\hat{p}=\dfrac{n}{N}$, $\hat{p}_1=\dfrac{n_1}{N_1}$

n　　全体での事象数

n_1　　部分での事象数

となる．この統計量は，部分 B と A-B の部分が互いに独立であることを利用すれば導ける．

9. 同一標本に対して 2 つのカテゴリ変数で集計するような場合，つまり，対応がある場合には McNemar 検定を用いる．

Excel 操作 ⑦：集計表の作成

次に示す男女の喫煙に関する架空データの集計表を，Excel の「ピボットテーブル」機能を使って作成する．

[第6章] 比率の検定 **179**

	A	B	C
1	名前	性別	喫煙
2	A	男	Yes
3	B	女	No
4	C	男	Yes
5	D	男	Yes
6	E	女	Yes
7	F	男	Yes
8	G	男	Yes
9	H	男	Yes
10	I	男	No
11	J	男	Yes

手順1　メニュー「データ」をクリックして，プルダウンメニューから「ピボットテーブルとピボットグラフ レポート」を選択する．

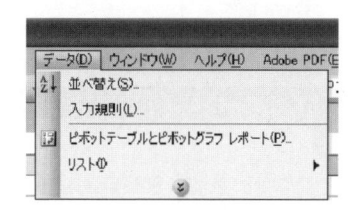

手順2　ダイアログ「ピボットテーブル/ピボットグラフ ウィザード-1/3」が表示される．「次へ」ボタンをクリックする．

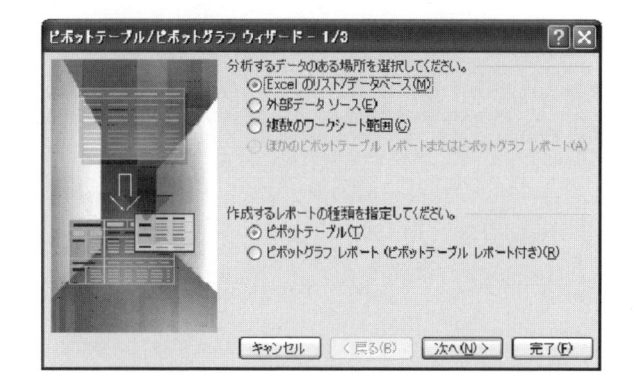

手順3　ダイアログ「ピボットテーブル/ピボットグラフ ウィザード-2/3」が表示

される．セル範囲 a1:a11 を範囲選択して，「範囲」にデータの範囲を指定する．「次へ」ボタンをクリックする．ここでは，データがワークシート「Data2」にあることになっている．

|手順4| ダイアログ「ピボットテーブル/ピボットグラフ ウィザード-2/3」が表示される．集計表の作成先を「新規ワークシート」にして，「完了」ボタンをクリックする．

|手順5| 集計表作成のためのワークシートが作成される．このワークシートには，空の集計表と集計する項目（フィールド）を選択するためのダイアログが表示される．

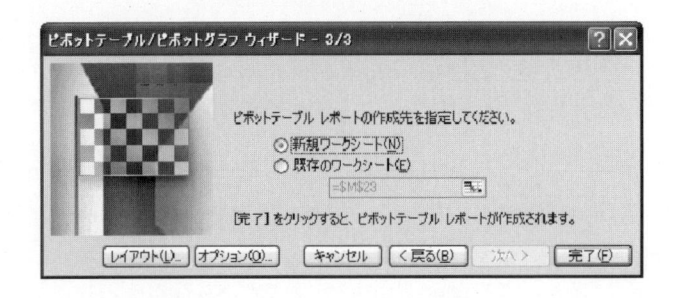

[第6章] 比率の検定

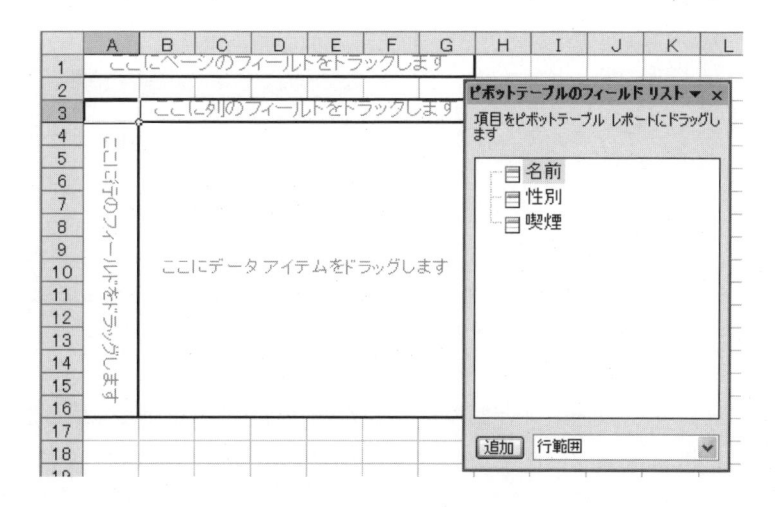

手順6 ダイアログ「ピボットテーブルのフィールドリスト」から項目をドラッグして，次のように集計表を作成する．
・「性別」を「ここに行のフィールドをドラッグします」にドラッグする．
・「喫煙」を「ここに列のフィールドをドラッグします」にドラッグする．
・データ項目としての「名前」を「ここにデータアイテムをドラッグします」にドラッグする．

データの個数 / 名前	喫煙		
性別	No	Yes	総計
女	1	1	2
男	1	7	8
総計	2	8	10

　この集計表作成例では，データ項目のデータが文字データ「女」・「男」なので，集計値は既定の「データの個数」となっている．数値データの場合には，データフィールドのセルを右クリックして，クイックメニューの「フィールドの設定」を選択すれば，ダイアログ「ピボットテーブルフィールド」が表示されるので，集計の方法の選択ができる．

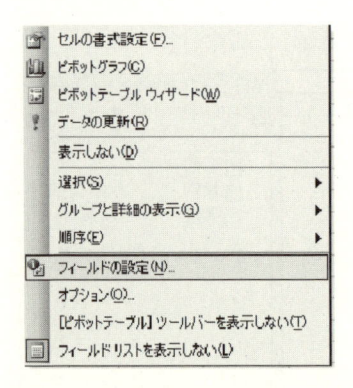

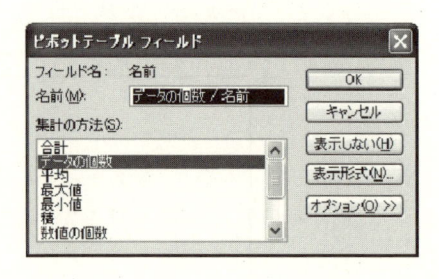

さらに，データが年齢のような数値の場合には，区間指定することにより，行・列フィールドをカテゴリ化できる．カテゴリ化の方法は，カテゴリ化したい行・列フィールドを右クリックして，クイックメニューの「グループと詳細の表示」をポイントして，「グループ化」を選択する．ダイアログ「グループ化」で区間指定をする．

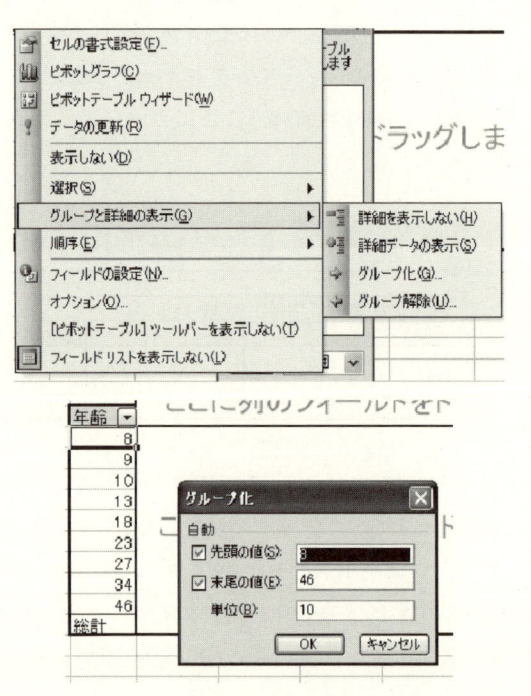

[第6章] 比率の検定　**183**

　　集計表の内訳を表示したければ，内訳を表示したいフィールドを右クリックして，クイックメニューの「グループと詳細の表示」の「詳細データの表示」を選択する．ダイアログ「詳細データの表示」から，フィールドを選択する．以降の図表の例では，「女」フィールドの詳細を表示している．

Excel 操作 ⑧：母比率の差の検定

次の男女の喫煙に関する架空の集計表をもとに，事象「喫煙」に関して男の喫煙率 p_1 が女の喫煙率 p_2 に比べて高いことを母比率の差により検定する．

	喫煙Yes	喫煙No	合計
男	13	5	18
女	6	10	16
合計	19	15	34

検定は片側検定となり，その仮説は

帰無仮説 H_0： $p_1 = p_2$

対立仮説 H_1： $p_1 > p_2$

である．

各母集団での喫煙者の標本比率は

母集団「男」 13/18

母集団「女」 6/10

なので，検定用統計量 Z の実現値は

$$\frac{\hat{p}_1 - \hat{p}_2}{\sqrt{\left(\frac{1}{N_1} + \frac{1}{N_2}\right) p(1-p)}} = \frac{13/18 - 6/10}{\sqrt{\left(\frac{1}{18} + \frac{1}{16}\right) \frac{19}{34}\left(1 - \frac{19}{34}\right)}} = 2.04$$

となる．有意確率 $P(Z>2.04) = 1 - \text{normsdist}(2.04) = 0.021$ となるので，有意水準5%で帰無仮説の棄却となり，男の喫煙率が高いことになる．

第7章 関連性の検定

7.1 独立性の検定

2つのカテゴリ変数による標本の分類に関連性，つまり，「一方のカテゴリ変数の標本の分類から，他のカテゴリ変数による分類を推定することが可能」を検証するには，帰無仮説に「2つの変数の統計的独立」を設定する．この帰無仮説が棄却できれば，2変数に関連があることを受け入れることになる．これが独立性の検定である．独立性の検定は表 7.1 に示す R×C クロス集計表をもとに行う．

表 7.1 R×C クロス集計表

	c=1	c=2	c=C	合計
r=1	n_{11}	n_{11}	n_{1C}	$n_{1\cdot}$
r=2	n_{21}	n_{22}	n_{2C}	$n_{2\cdot}$
...	...		...	
r=R	n_{R1}	n_{R2}	n_{RC}	$n_{R\cdot}$
合計	$n_{\cdot 1}$	$n_{\cdot 2}$	$n_{\cdot C}$	N

7.1.1 カイ2乗検定

「2つのカテゴリ変数が統計的独立」であるならば，変数のレベルで指示したカテゴリの確率 $p_{rc}=P(R=r, C=c)$ は

$$p_{rc} = p_{r\cdot} \cdot p_{\cdot c}$$

$$p_{r\cdot} = \sum_{c=1}^{C} P(R=r, C=c) \qquad \text{行変数の周辺確率}$$

$$p_{\cdot c} = \sum_{r=1}^{R} P(R=r, C=c) \qquad \text{列変数の周辺確率}$$

と表すことができる．この関係を使えば，「2 つの変数に関連性がある」ことを検証するための仮説は

　　帰無仮説 H_0 : $p_{rc} = p_{r\cdot} \cdot p_{\cdot c}$,　$r=1,2,...,R$,　$c=1,2,...,C$

　　対立仮説 H_1 : $p_{rc} \neq p_{r\cdot} \cdot p_{\cdot c}$,　$r=1,2,...,R$,　$c=1,2,...,C$

となる．

総標本数 N を固定した R×C クロス集計表（母集団から N 個の標本をまず抽出して，調査して得た表）の度数は多項分布に従う．帰無仮説のもとでの p_{rc} の推定量は，**周辺度数**

$$n_{r\cdot} = \sum_{c=1}^{C} n_{rc} , \quad n_{\cdot c} = \sum_{r=1}^{R} n_{rc}$$

による周辺確率の推定量

$$\hat{p}_{r\cdot} = \frac{n_{r\cdot}}{N} , \quad \hat{p}_{\cdot c} = \frac{n_{\cdot c}}{N}$$

を使った

$$\hat{p}_{rc} = \frac{n_{r\cdot}}{N} \cdot \frac{n_{\cdot c}}{N}$$

となる．

検定統計量 χ^2 は，$\hat{p}_{rc}$ をもとにした理論度数 $N\hat{p}_{rc}$ と観測度数 n_{rc} から次のように計算する．

$$\chi^2 = \sum_{r=1}^{R} \sum_{c=1}^{C} \frac{\left(n_{rc} - \frac{n_{r\cdot} \cdot n_{\cdot c}}{N}\right)^2}{\frac{n_{r\cdot} \cdot n_{\cdot c}}{N}} \sim \chi^2((R-1)(C-1))$$

この検定統計量がカイ 2 乗分布に従うことは，N が大であることから導くこと

ができる（「Note ①」の 3. 参照）．

Note ①

1. 独立性の検定は，2 つの変数が互いに独立であることを検定しているだけで，2 つの変数が作り出す母集団の中の個々の群間の細かな関係は扱っていない．通常，R×C クロス集計表の行列数が増えれば，多くの場合，独立性の検定は帰無仮説の棄却につながる．
2. 何らかの関連が仮定できるのであれば，その仮定における期待度数と観測度数との間で適合度の検定を行えばよい．
3. 2 つのカテゴリ変量の間の独立性の検定に使う検定統計量 χ^2 を導く．R×C クロス集計表は，標本数 N を固定して調査して得たとする．

対立仮説「2 つのカテゴリ変数が統計的独立ではない」が真のもとでは，集計表の各セルの標本数 $n=(n_{11},n_{12},...,n_{rc},...,n_{RC})$ は R×C 個のパラメータ $p=(p_{11},p_{12},...,p_{rc},...,p_{RC})$ を持つ多項分布 $M(N,p)$

$$P_{H_1}(n) = \frac{N!}{n_{11}!n_{12}!\cdots n_{RC}!} p_{11}^{n_{11}} p_{12}^{n_{12}} \cdots p_{RC}^{n_{RC}}$$

に従う．パラメータ p_{rc} による $\ln P_{H_1}(n)$ の偏微分を 0 とする $\partial P(n)/\partial p_{rc}=0$ から，パラメータの最尤推定量

$$\hat{p}_{rc} = \frac{n_{rc}}{N}$$

を得る．

一方，帰無仮説「2 つのカテゴリ変数が統計的独立」が真のもとでは，集計表の各セルの標本数が従う多項分布は，周辺確率 $p_{r\cdot}$ や $p_{\cdot c}$ をパラメータにした

$$P_{H_0}(n) = \frac{N!}{n_{11}!n_{12}!n_{21}!n_{22}!} (p_{1\cdot}p_{\cdot 1})^{n_{11}} (p_{1\cdot}p_{\cdot 2})^{n_{12}} \cdots (p_{R\cdot}p_{\cdot C})^{n_{RC}}$$

となる．$p_{r\cdot}$ や $p_{\cdot c}$ の最尤推定量は

$$\hat{p}_{r\cdot} = \frac{n_{r\cdot}}{N} , \quad \hat{p}_{\cdot c} = \frac{n_{\cdot c}}{N}$$

である．

この 2 つの確率の対数尤度比 $-2LLR$ は

$$-2LLR = 2(\ln P_{H_1}(n) - \ln P_{H_0}(n))$$

$$= 2\sum_{r=1}^{R}\sum_{c=1}^{C} n_{rc}(\ln \hat{p}_{rc} - \ln \hat{p}_{r.}\hat{p}_{.c})$$

となる.

N が大きく, 帰無仮説が真ならば, 確率 1 で $\hat{p}_{r.}\hat{p}_{.c} \to \hat{p}_{rc}$ なので

$$-2LLR \approx \sum_{r=1}^{R}\sum_{c=1}^{C} \frac{(n_{rc} - N\hat{p}_{r.}\hat{p}_{.c})^2}{N\hat{p}_{r.}\hat{p}_{.c}} \sim \chi^2((R-1)\times(C-1))$$

となる. これから, 独立性の検定を行うための統計量

$$\chi^2 = \sum_{r=1}^{R}\sum_{c=1}^{C} \frac{(n_{rc} - N\hat{p}_{rc})^2}{N\hat{p}_{rc}} \sim \chi^2((R-1)\times(C-1))$$

を得る.

4. 正規分布とカイ 2 乗分布の関係から, 2×2 クロス集計表による独立性の検定と母比率の差の検定は, 同じ結果になる.

5. 順序変量によりカテゴリ化している場合には, Mann-Whitney 検定を用いる.

6. R×C クロス集計表の各度数が互いに統計的に独立したポアソン分布 (N を固定しない調査) に従うと仮定して得た表をもとに行う適合度の検定の統計量と, 多項分布をもとにして得た独立性の検定の統計量は, 同じになる.

7. R×2 クロス集計表を, たとえば, 行方向の周辺度数を固定した調査によるものとする. つまり, R 個の母集団から周辺度数 $n_{r.}$ と同じ数の標本を抽出して, それらを列変数のレベル値により 2 群に振り分けて得た集計表とする. この場合には, 集計表の度数は統計的に独立した R 個の 2 項分布に従うと仮定できる. この周辺度数を前もって固定して得た集計表をもとにした, 各母集団での 2 群の母比率が同じであることを検定する**適合度の検定**(7.2 を参照)に使う統計量は, 多項分布をもとにして得た独立性の検定統計量と同じになる.

8. R×C クロス集計表を, 行と列の周辺度数を固定して得た表とするならば, 2 つの変数が統計的独立 (帰無仮説が真) の場合, 表の度数は超幾何分布に従うことがわかっている. この分布をもとにした独立性の検定が, **フィッシャーの直接確率法** (7.1.2 を参照)

である.

9. 検定統計量 χ^2 の分布が自由度 $(R-1)(C-1)$ のカイ 2 乗分布で近似できる場合に, カイ 2 乗検定による独立性の検定を行う. しかし, 期待度数<5 があるような場合には, この近似が成立しないので, 近似が可能となるようにカテゴリの統合を行うか, あるいは, フィッシャーの直接確率法により検定を行う.

Excel 操作 ① : 独立性の検定 (1)

第 6 章の「Excel 操作 ⑧ : 母比率の差の検定」の集計表を使って, 2 つのカテゴリ変数の独立性の検定を行う.

	A	B	C	D
1	観察度数O			
2		喫煙Yes	喫煙No	合計
3	男	13	5	18
4	女	6	10	16
5	合計	19	15	34

手順1 期待度数(帰無仮説のもとでの度数)を計算する式を, セルに入力する.

セル b9	=d5*($d3/$d$5)*b$5/d5
セル c9	オートフィル機能を使って, b9 の式をコピーする
セル b10, c10	オートフィル機能を使って, b9 と c9 の式をコピーする

	A	B	C	D
7	期待度数E			
8		喫煙Yes	喫煙No	合計
9	男	10.0588	7.9412	18
10	女	8.94118	7.0588	16
11	合計	19	15	34

手順2 (観察度数−期待度数)²/期待度数を計算する式を, セルに入力する.

セル b15		=(b3-b9)^2/b9
セル c15, b16, c16		オートフィル機能を使って，b15 の式をコピーする

	A	B	C
13	(O-E)²/E		
14		喫煙Yes	喫煙No
15	男	0.85999	1.0893
16	女	0.96749	1.2255
17	χ²統計量＝		4.1423
18	上側5%点＝		3.8415

手順3 検定統計量 χ^2 を計算する式=sum(b15:c16)を，セル c17 に入力する．

手順4 自由度 1 のカイ 2 乗分布の上側 5%点を求める式=chiinv(0.05,1)を，セル c18 に入力する．

　検定統計量 χ^2 の実現値が上側 5%点を越えているので，独立性の仮説の棄却となり，喫煙有無の分類から，男女の分類が推定できることになる．第 6 章の「Excel 操作 ⑧：母比率の差の検定」の検定用統計量の 2 乗と検定統計量 χ^2 の値が等しい．これにより，2×2 クロス集計表の場合には，母比率の差の検定と独立性の検定は同じ検定であることがわかる．

7.1.2　フィッシャーの直接確率法

　フィッシャーの直接確率法による検定では，帰無仮説からのずれ（対立仮説を支持する）が大きいクロス集計表の有意確率（p 値）を，何らかの確率分布に従う検定統計量を使って近似的に計算するのではなく，正確に計算する．
　手順は，次のように行う．
・周辺度数を固定して，度数の全ての組み合わせの表を作り，帰無仮説「2 つの変数は独立」が成立するとして各表の確率を計算する．
・観測度数からなる表に比べて偏りのある表の確率の和（有意確率，p 値）を計算する．

・有意確率が有意水準以下であれば帰無仮説を棄却する．

観測度数の表に比べて「偏り」があるとは，観測度数の表と比べて

・独立性の検定で使うカイ2乗統計量が大きい

・表の確率が低い（2×2クロス集計表のみ）

をさす．カイ2乗統計量が対数尤度比$-2LLR$に近似していることから，対数尤度比も偏りの尺度に使用できる．

全ての周辺度数を固定して調査した場合（「Excel 操作 ①」の手順では，この調査によるクロス集計表としている）には，クロス集計表の度数は非心超幾何分布に従うが，帰無仮説のもとでは，度数 n_{rc} の確率は次の超幾何分布に従うことがわかっている．

$$P(n) = \frac{(n_{1.}!n_{2.}!\cdots n_{R.}!)(n_{.1}!n_{.2}!\cdots n_{.C}!)}{N!\prod_{r,c=1}^{R,C}(n_{rc}!)}$$

2×2クロス集計表の超幾何分布は

$$P(n_{11}, n_{12}, n_{21}, n_{22}) = P(n_{11}) = \frac{(n_{1.}!n_{2.}!)(n_{.1}!n_{.2}!)}{N!n_{11}!n_{12}!n_{21}!n_{22}!} = \binom{n_{.1}}{n_{11}}\binom{n_{.2}}{n_{22}} \bigg/ \binom{N}{n_{1.}}$$

となる．

Note ②

1. フィッシャーの直接確率法は，いかなる度数のクロス集計表に対しても適用できるが，標本数が大きく，度数の偏りがない表への適用には，計算に時間を要する．しかし，その場合には，カイ2乗検定を適用すればよい．標本数が少なく，度数の偏りがある表には，フィッシャーの直接確率法を適用すればよい．

Excel 操作 ②：独立性の検定 (2)

第6章の「Excel 操作 ⑧：母比率の差の検定」の集計表を使って，2つのカテゴリ変数の独立性の検定を，両側検定で行う．

	A	B	C	D
1	観察度数O			
2		喫煙Yes	喫煙No	合計
3	男	13	5	18
4	女	6	10	16
5	合計	19	15	34

手順1 周辺度数を固定して，可能な度数の組み合わせの表を，セル g2:j17 に作成する．

手順2 各表のカイ2乗統計量を計算する式を，セルに入力する．

> セル k2 　　　=g2*j2-h2*i2
> セル k3:k17　オートフィル機能を使ってセル k2 の式をコピーする．

ここでは，2×2クロス集計表の検定統計量が

$$\chi^2 = \sum_{r=1}^{2}\sum_{c=1}^{2}\frac{(n_{rc}-N\hat{p}_{rc})^2}{N\hat{p}_{rc}} = \frac{N(n_{11}n_{22}-n_{21}n_{12})^2}{n_{.1}n_{.2}n_{1.}n_{2.}} \sim n_{11}n_{22}-n_{21}n_{12}$$

となることを利用している．

手順3 各表の確率を計算する式を，セルに入力する．

> セル L2 　　　=hypgeomdist(g2,d2,b4,d4)
> セル L3:L17　オートフィル機能を使ってセル L2 の式をコピーする．

手順4 観測度数の表よりも偏りのある表を選択する式を，入力する．

> セル L2 　　　=if(L2<=$L$12,1,0)
> セル L3:L17　オートフィル機能を使ってセル L2 の式をコピーする．

[第7章] 関連性の検定

	F	G	H	I	J	K	L	M
1	表	n_{11}	n_{12}	n_{21}	n_{22}	$n_{11}n_{22}-n_{12}n_{21}$	Pr(表)	P(表≦表6)?
2	4	3	15	16	0	-240	4E-07	1
3	5	4	14	15	1	-206	3E-05	1
4	6	5	13	14	2	-172	0.0006	1
5	7	6	12	13	3	-138	0.0056	1
6	8	7	11	12	4	-104	0.0312	1
7	9	8	10	11	5	-70	0.103	0
8	10	9	9	10	6	-36	0.2098	0
9	11	10	8	9	7	-2	0.2697	0
10	12	11	7	8	8	32	0.2207	0
11	13	12	6	7	9	66	0.1144	0
12	14	13	5	6	10	100	0.037	1
13	15	14	4	5	11	134	0.0072	1
14	16	15	3	4	12	168	0.0008	1
15	17	16	2	3	13	202	5E-05	1
16	18	17	1	2	14	236	1E-06	1
17	19	18	0	1	15	270	9E-09	1
18					有意確率(p値)=			0.082407184

手順5　観測度数の表よりも偏りのある表の確率の和（有意確率，p 値）を計算する式を，入力する．

> セル m18　=sumproduct(L2:L17,m2:m17)

　有意確率が 0.05 以上なので，帰無仮説「2 変数の間の関連がない」を棄却できず，喫煙有無の分類から男女の分類は推定できないことになる．つまり，観測度数から，女の喫煙率と比べて男の喫煙率の高・低はいえないことになる．

　両側検定なので，有意確率の計算に含まれる表は，両方向への偏りのある表，つまり，観測度数の表よりもさらに男の喫煙率が高い表や男の喫煙率が低い表である．

　補足だが，カイ 2 乗統計量(K 列)により選択された偏りのある表と，確率 (L 列) により選択された表とが一致していることがわかる．

Excel 操作 ③：独立性の検定 (3)

　第6章の「Excel 操作 ⑧：母比率の差の検定」の集計表を使って，2つのカテゴリ変数の独立性の検定を，片側検定で行う．検証したい仮説は，「男のほうが女よりも喫煙の比率が高い」とする．したがって

　　帰無仮説 H_0：「2変数が独立である」
　　対立仮説 H_1：「男のほうが女よりも喫煙の比率が高い」

となる．

　有意確率の計算手順は，片側検定であるから，観測度数の表よりも極端な方向の表の選択を除けば，両側検定である「Excel 操作 ②：独立性の検定 (2)」と同じになる．

　片側検定における観測度数の表よりも極端な表は，対立仮説を支持する傾向にある表であって，「Excel 操作 ②：独立性の検定 (2)」の手順4にある表中の「表」14〜19 になる．これらの「表」の確率の和が有意確率となる．有意確率が 0.045<0.05 なので，帰無仮説の棄却となり，「男のほうが女よりも喫煙の比率が高い」ことになる．

7.2　適合度の検定と独立性の検定

　クロス集計表の2つの変数の1つが母集団を指定し，他の変数がその母集団を複数の群に分けるとする．複数の群の比率に関して，母集団の間で差があるかを検証したい．この検証を**適合度の検定**と呼んでいる．

　「複数の群の比率に関して母集団の間で差がある」ことを検証したいのだから，帰無仮説は

・複数の群の比率に関して母集団の間で差がない
・列（行）変数がつくる母集団において，行（列）変数が作る群の母比率は等しい

となる．

　帰無仮説と対立仮説を，条件付確率 $P(C=c|R=r)=p_{rc}/p_{r\cdot}$ を使って表せば

帰無仮説 $H_0: \dfrac{p_{1c}}{p_{1\cdot}} = \dfrac{p_{2c}}{p_{2\cdot}} = \cdots = \dfrac{p_{Rc}}{p_{R\cdot}}$, $c=1,\ldots,C$

対立仮説 H_1：帰無仮説のいくつかが偽である

となる．

適合度の検定の帰無仮説において，次のように条件付確率を

$p_{rc}/p_{r\cdot} = p_{\cdot c}$, $r=1,\ldots,R$, $c=1,\ldots,C$

と設定するならば，独立性の検定の帰無仮説と等価になる．したがって，$2 \times C$ クロス集計表による適合度の検定の帰無仮説と独立性の検定の帰無仮説は同じになる．$p_{\cdot c} = \dfrac{1}{C}$ の適合度の検定を一様性の検定と呼んでいる．

Note ③
1. 適合度の検定では，$2 \times C$ クロス集計表を，行変数がつくる各母集団の標本数（周辺度数）を調査の前に決定して得た表とみなしているが，検定の手順は，独立性の検定と同じになる．
2. 独立性の検定では，2 つの変数間の役割に差を持たせない（2 つの変数により群を形成する）が，適合度の検定では，たとえば，行変数のレベルで指定された母集団を列変数のレベルで分類して得た群間の母比率の比較となる．

7.3　2 変量の関連性指標

2×2 クロス集計表をもとにした 2 つの変数の独立性の検定で，帰無仮説の棄却になったとしても，変数間の関係がどの程度なのかを知ることはできない．しかし，**オッズ比**を使えば関係の強さがわかる．

表 7.2　2×2 クロス集計表

	$C=1$	$C=2$
$R=1$	n_{11}	n_{12}
$R=2$	n_{21}	n_{22}

オッズ比のオッズとは，2つの母集団内で発生する群の割合の比をいう．たとえば，表 7.2 では

母集団 $R=1$ での群 $C=1$ と $C=2$ のオッズ：$\left(\dfrac{n_{11}}{n_{1\cdot}}\right)\bigg/\left(\dfrac{n_{12}}{n_{1\cdot}}\right)=\dfrac{n_{11}}{n_{12}}$

母集団 $R=2$ での群 $C=1$ と $C=2$ のオッズ：$\left(\dfrac{n_{21}}{n_{2\cdot}}\right)\bigg/\left(\dfrac{n_{22}}{n_{2\cdot}}\right)=\dfrac{n_{21}}{n_{22}}$

になる．列変数による群においても，同様の定義ができるが，次に述べるオッズ比において両者の違いはなくなる．

オッズ比 $\hat{\psi}$ は，2つのオッズの比であって

$$\hat{\psi}=\left(\dfrac{n_{11}}{n_{1\cdot}}\bigg/\dfrac{n_{12}}{n_{1\cdot}}\right)\bigg/\left(\dfrac{n_{21}}{n_{2\cdot}}\bigg/\dfrac{n_{22}}{n_{2\cdot}}\right)=\dfrac{n_{11}n_{22}}{n_{12}n_{21}}$$

となる．この逆数 $1/\hat{\psi}$ もオッズ比となるが，両者の違いは，前者の視点が「母集団 $R=1$ には群 $C=1$ が多い」であるのに対し，後者（逆数）の視点は「母集団 $R=1$ には群 $C=2$ が多い」である．

オッズ比は，行と列の変数の間に関係がなければ（統計的独立ならば），1となる．この場合には，度数から，「母集団 $R=1$ には群 $C=1$ が多い」，あるいは，「母集団 $R=1$ には群 $C=1$ が少ない」ということが全くいえない．つまり，母集団 $R=1$ から群 $C=1$ が発生するか否かの推定ができないことになる．行と列の変数の間の関係が強いほど，オッズ比の値が1から離れていく．

通常は，オッズ比の自然対数をとった**対数オッズ比**を使う．対数をとることにより，前述した2通りのオッズ比の間の関係が

$$\ln\hat{\psi}=-\ln\left(\dfrac{1}{\hat{\psi}}\right)$$

となり，符合が異なるだけなので，都合がよい．対数オッズ比では，行と列の変数の間に関係がなければ 0 となる．行と列の変数の間の関係が強いほど，その値が0から離れていく．

標本の度数からなる対数オッズ比 $\ln\hat{\psi}$ は，母集団の対数オッズ比 $\ln\psi$ の点推定であり，その確率分布は，標本数 N が大ならば，次のような正規分布に近似できることがわかっている．

[第7章] 関連性の検定

$$\ln\hat{\psi} \sim N\left(\ln\psi, \frac{1}{N}\left(\frac{1}{p_{11}}+\frac{1}{p_{12}}+\frac{1}{p_{21}}+\frac{1}{p_{22}}\right)\right)$$

p_{rc}　　2×2クロス表の各セルの確率

したがって,オッズ比の検定統計量は標準正規分布にしたがう.

$$Z=\frac{\ln\hat{\psi}-\ln\psi}{\sqrt{\frac{1}{N}\left(\frac{1}{p_{11}}+\frac{1}{p_{12}}+\frac{1}{p_{21}}+\frac{1}{p_{22}}\right)}} \sim N(0,1)$$

独立性を検定する帰無仮説と対立仮説は

・両側検定

　　帰無仮説 H_0 : $\ln\psi=0$

　　対立仮説 H_1 : $\ln\psi \neq 0$

・片側検定

　　帰無仮説 H_0 : $\ln\psi=0$

　　対立仮説 H_1 : $\ln\psi>0$

・片側検定

　　帰無仮説 H_0 : $\ln\psi=0$

　　対立仮説 H_1 : $\ln\psi<0$

となる.

母集団の対数オッズ比 $\ln\psi$ の信頼度$100(1-\alpha)$% の信頼区間は

$$\ln\hat{\psi}-z_{\alpha/2}\sqrt{\frac{1}{n_{11}}+\frac{1}{n_{12}}+\frac{1}{n_{21}}+\frac{1}{n_{22}}} \leq \ln\psi$$

$$\leq \ln\hat{\psi}+z_{\alpha/2}\sqrt{\frac{1}{n_{11}}+\frac{1}{n_{12}}+\frac{1}{n_{21}}+\frac{1}{n_{22}}}$$

　　$\pm z_{\alpha/2}$　　$N(0,1)$ の上・下側$100 \times \alpha/2$% 点

となる.

真の確率 p_{rc} は未知なので,検定統計量や信頼区間の計算には,推定量 n_{rc}/N を使う.

Note ④

1. 独立性の検定に,オッズ比を使うことができる.Nが大きいならば,度数の偏りがあっても適用できるので,制約の少ない独立性の検定手法である.
2. 多次元中心極限定理から,多項分布に従う標本比率は,正規分布に従う.

$$\left(\frac{n_1}{N},\frac{n_2}{N},...,\frac{n_K}{N}\right) \sim N(p_1,p_2,\cdots,p_K,\Sigma)$$

$\Sigma_{kk'} = -p_k p_{k'}/N,\quad k,k'=1,2,...,K$

$\Sigma_{kk} = p_k(1-p_k)/N,\quad k=1,2,...,K$

　　K　　クロス集計表ではセルの数

Delta 法により,確率の推定量の関数 g_i を要素とするベクトルは,次のような正規分布に従う.

$$\mathbf{g}\left(\frac{n_1}{N},\frac{n_2}{N},...,\frac{n_K}{N}\right) \sim N\left(\mathbf{g}(p_1,p_2,\cdots,p_K), \frac{\partial \mathbf{g}}{\partial \mathbf{p}} \Sigma \left(\frac{\partial \mathbf{g}}{\partial \mathbf{p}}\right)^t\right)$$

$$\mathbf{g}\left(\frac{n_1}{N},\frac{n_2}{N},...,\frac{n_K}{N}\right) = \begin{bmatrix} g_1\left(\frac{n_1}{N},\frac{n_2}{N},...,\frac{n_K}{N}\right) \\ g_2\left(\frac{n_1}{N},\frac{n_2}{N},...,\frac{n_K}{N}\right) \\ g_q\left(\frac{n_1}{N},\frac{n_2}{N},...,\frac{n_K}{N}\right) \end{bmatrix}$$

$$\mathbf{g}(p_1,p_2,\cdots,p_K) = \begin{bmatrix} g_1(p_1,p_2,\cdots,p_K) \\ g_2(p_1,p_2,\cdots,p_K) \\ g_q(p_1,p_2,\cdots,p_K) \end{bmatrix}$$

$$\frac{\partial \mathbf{g}}{\partial \mathbf{p}} = \begin{bmatrix} \dfrac{\partial g_1}{\partial p_1} & \dfrac{\partial g_1}{\partial p_2} & \cdots & \dfrac{\partial g_1}{\partial p_K} \\ \dfrac{\partial g_2}{\partial p_1} & \dfrac{\partial g_2}{\partial p_2} & \cdots & \dfrac{\partial g_2}{\partial p_K} \\ \vdots & \vdots & \ddots & \vdots \\ \dfrac{\partial g_q}{\partial p_1} & \dfrac{\partial g_q}{\partial p_2} & \cdots & \dfrac{\partial g_q}{\partial p_K} \end{bmatrix}$$

多次元正規分布 $N(\mu,\Sigma)$ に従う確率変数 $X_1,X_2,\cdots,X_K$ の一次結合 $a_1X_1+a_2X_2+\ldots+a_KX_K$ が正規分布に従うことは，第6章の「Note ④」の 7. で述べているが，正規分布に従う確率変数ベクトルにも同じことがいえる．確率変数ベクトルの任意の要素の線形結合は，正規分布に従うことがわかっていて

$$C\mathbf{g}\left(\frac{n_1}{N},\frac{n_2}{N},\cdots,\frac{n_K}{N}\right) \sim N\left(C\mathbf{g}(p_1,p_2,\cdots,p_K), C\frac{\partial \mathbf{g}}{\partial \mathbf{p}}\Sigma\left(\frac{\partial \mathbf{g}}{\partial \mathbf{p}}\right)^t C^t\right)$$

  C q×K の定数行列

がいえる（参考文献[7], [8]参照）．

 2×2 クロス集計表に，この正規分布を当てはめるならば，各ベクトルと行列は

$$\mathbf{g}\left(\frac{n_{11}}{N},\frac{n_{12}}{N},\frac{n_{21}}{N},\frac{n_{22}}{N}\right) = \left[\ln\left(\frac{n_{11}}{N}\right)\ \ln\left(\frac{n_{12}}{N}\right)\ \ln\left(\frac{n_{21}}{N}\right)\ \ln\left(\frac{n_{22}}{N}\right)\right]^t$$

$$\mathbf{g}(p_{11},p_{12},p_{21},p_{22}) = \begin{bmatrix}\ln p_{11} & \ln p_{12} & \ln p_{21} & \ln p_{22}\end{bmatrix}^t$$

$$\frac{\partial \mathbf{g}}{\partial \mathbf{p}} = \begin{bmatrix} \dfrac{\partial g_1}{\partial p_{11}} & 0 & 0 & 0 \\ 0 & \dfrac{\partial g_2}{\partial p_{12}} & 0 & 0 \\ 0 & 0 & \dfrac{\partial g_q}{\partial p_{21}} & 0 \\ 0 & 0 & 0 & \dfrac{\partial g_q}{\partial p_{22}} \end{bmatrix} = \begin{bmatrix} \dfrac{1}{p_{11}} & 0 & 0 & 0 \\ 0 & \dfrac{1}{p_{12}} & 0 & 0 \\ 0 & 0 & \dfrac{1}{p_{21}} & 0 \\ 0 & 0 & 0 & \dfrac{1}{p_{22}} \end{bmatrix}$$

$$\frac{\partial \mathbf{g}}{\partial \mathbf{p}} \Sigma \left(\frac{\partial \mathbf{g}}{\partial \mathbf{p}}\right)^t = \frac{1}{N}\begin{bmatrix} \frac{1}{p_{11}} & 0 & 0 & 0 \\ 0 & \frac{1}{p_{12}} & 0 & 0 \\ 0 & 0 & \frac{1}{p_{21}} & 0 \\ 0 & 0 & 0 & \frac{1}{p_{22}} \end{bmatrix} - \frac{1}{N}\begin{bmatrix} 1 & 1 & 1 & 1 \\ 1 & 1 & 1 & 1 \\ 1 & 1 & 1 & 1 \\ 1 & 1 & 1 & 1 \end{bmatrix}$$

となる．これらの式と $C = [1\ -1\ -1\ 1]$ を正規分布の式に代入して，整理すれば

$$\ln\hat{\psi} \sim \sim N(\ln\psi, \frac{1}{N}(1/p_{11}+1/p_{12}+1/p_{21}+1/p_{22}))$$

を得る．

このように，C の要素を適切に選ぶことにより，母集団内の任意の 2 つの群内で発生する事象の割合の比（オッズ比）の比較ができる．

Excel 操作 ④：関係の強さ

「Excel 操作 ①：独立性の検定 (1)」と「Excel 操作 ②：独立性の検定 (2)」の間で，仮定した確立分布に依存して，結果が異なっている．都合の良い検定結果を採用することは慎まなければならないが，あえて，対数オッズ比を使って，性別と喫煙の間の関係の強さの度合いを調べてみる．

	A	B	C	D
1		喫煙Yes	喫煙No	合計
2	男	13	5	18
3	女	6	10	16
4	合計	19	15	34

セルに次の式を入力する．

```
セル g1  =ln((b2*c3)/(b3*c2))
セル g2  =1/b2+1/c2+1/b3+1/c3
セル g3  =g1/sqrt(g2)
```

```
セル g4    =normsinv(0.975)
セル g5    =g1-g4*sqrt(g2)
セル h5    =g1+ g4*sqrt(g2)
セル g6    =2*(1-normsdist(g3))
```

	F	G	H
1	対数オッズ比	1.4663	
2	分散	0.5436	
3	検定統計量z	1.9888	
4	上側2.5%点	1.96	
5	95%信頼区間(	0.0213	2.911)
6	有意確率p値(両側)	0.0467	

有意確率が 0.05 以下なので，帰無仮説の棄却となり，関係があることを採択する．関係の強さは 1.4663 であり，対数オッズ比の符号から男の喫煙率が女に比べて高いことがわかる．対数オッズ比の 95%信頼区間は (0.0213, 2.911) となる．

7.4　ロジスティック回帰による2群の比較

2×2クロス集計表を，確率変数 X_i や Y_i を導入して表 7.3 のようにするならば，行変数を説明変数 X_i，列変数 Y_i を目的変数とする回帰分析のための 2 標本とみなすことができる．その結果，行変数のレベルで指示した母集団に関する調査を，周辺度数を固定して得た表とみなせる．

表 7.3　確率変数を導入した 2×2 クロス集計表

	群 j=1 (C=1)	群 j=2 (C=0)	合計 $n_{i\cdot}$
母集団 i=1 (X_1=1)	Y_1	$n_{1\cdot}-Y_1$	$n_{1\cdot}$
母集団 i=2 (X_2=0)	Y_2	$n_{2\cdot}-Y_2$	$n_{2\cdot}$
合計 $n_{\cdot j}$	$n_{\cdot 1}$	$n_{\cdot 2}$	N

目的変数の値は，正の整数に制限されるので，最小2乗法による線形回帰分析の適用は不適切である．そこで

$$\ln\left(\frac{\pi_i}{1-\pi_i}\right)=\beta_0+\beta_1 X_i$$

π_i　　母集団 i での群 $C=1$ の母比率

として，最尤推定法により回帰係数を推定するロジスティック回帰を適用する．

母集団 i での度数 y_i が2項分布

$$P(Y_i=y_i) \sim {}_{n_{i\cdot}}C_{y_i}\pi_i^{y_i}(1-\pi_i)^{n_{i\cdot}-y_i}$$

に従うので，対数尤度 LL は

$$LL=\ln\prod_{i=1}^{2}P(Y_i=y_i)=\sum_{i=1}^{2}\left(\ln {}_{n_{i\cdot}}C_{y_i}+y_i\ln\pi_i+(n_{i\cdot}-y_i)\ln(1-\pi_i)\right)$$

$$\pi_i=\frac{\exp(\beta_0+\beta_1 X_i)}{1+\exp(\beta_0+\beta_1 X_i)}$$

となる．回帰係数の最尤推定量は，回帰係数による LL の偏微分を0とすることで求まるが，求める回帰係数を含んだ陰関数となる．したがって，Newton-Raphson 法のような最適化プログラミングの手法を使って求めることになる．ここでは，Excel の機能「ソルバー」を使って，回帰係数の最尤推定量を求めている．

ロジスティック回帰の回帰式を書き換えて

$$\frac{\pi_i}{1-\pi_i}=\exp(\beta_0)\exp(\beta_1 X_i)$$

とする．これから

$X_i=0$　　$\dfrac{\pi_i}{1-\pi_i}=\exp(\beta_0)$

$X_i=1$　　$\dfrac{\pi_i}{1-\pi_i}=\exp(\beta_0)\exp(\beta_1)$

を導けるので，次のことがいえる．

　　$\exp(\beta_0)$　　　　$X_i=0$ が指示する母集団でのオッズ
　　$\exp(\beta_1 X_i)$　　$X_i=1$ と $X_i=0$ が指示する母集団のオッズ比

このように，ロジスティック回帰によりオッズ比を求めることができるので，2つの変数の間の独立性の検定を，回帰係数に関する統計量

$$Z = \frac{\hat{\beta}_1 - \beta_1}{\sqrt{1/n_{11} + 1/n_{12} + 1/n_{21} + 1/n_{22}}} \sim N(0,1)$$

をもとに，回帰係数に関する帰無仮説

$H_0 : \beta_1 = 0$

により行うことができる．

Note ⑤

1. 「Note ④」の 2. で述べているように，正規分布に従う確率変数ベクトルの要素の線形結合も正規分布に従うので

$$\hat{\beta}_0 = \ln\left(\frac{\hat{\pi}_1}{1-\hat{\pi}_1}\right) \sim N(\beta_0, \frac{1}{N}(1/p_{11} + 1/p_{12}))$$

$$\hat{\beta}_1 = \ln\left(\frac{\frac{\pi_2}{1-\pi_2}}{\exp(\hat{\beta}_0)}\right) \sim N(\beta_1, \frac{1}{N}(1/p_{11} + 1/p_{12} + 1/p_{21} + 1/p_{22}))$$

となる．これより，オッズやオッズ比の分散から，回帰係数の分散を得る．ただし，実際には，分散の $p_{11}, p_{12}, p_{21}, p_{22}$ は未知なので，推定量 $n_{11}/N, n_{12}/N, n_{21}/N, n_{22}/N$ を使う．

2. $\ln(\pi_i/(1-\pi_i)) = \beta_0$ と $\ln(\pi_i/(1-\pi_i)) = \beta_0 + \beta_1 X_i$ によるロジスティック回帰を行って，それぞれの尤離度（回帰分析の適合度）を求める．これらの尤離度の差である統計量は，自由度1のカイ2乗分布にしたがうことがわかっている．この統計量を使って，帰無仮説「両者の適合度は等しい」を検定することができる（このことは，第4章の〔4.3.2 分析の適合度〕で述べている）．この帰無仮説が棄却となれば，判別分析に回帰係数 β_1 に対応した説明変数が必要となり，2つの変数（説明変数，目的変数）の間に関連性があることがわかる．

Excel 操作 ⑤：独立性の検定

第 6 章の「Excel 操作 ⑧：母比率の差の検定」の集計表をもとに，独立性の検定をオッズ比を使って行う．

手順1 性別をレベル 1 と 0 で指示する次のような回帰分析に適した表に変更する．

	A	B	C	D
1	性別	喫煙	非喫煙	合計
2	1	13	5	18
3	0	6	10	16

手順2 最尤推定量を求めるための対数尤度の式を，セルに入力する．ただし，定数項 $_{n_i}C_{y_i}$ は省略している．

```
セル g4   =b2*($f$2+$g$2*a2)-d2*ln(1+exp($f$2+$g$2*a2))
セル g5   =b3*($f$2+$g$2*a3)-d3*ln(1+exp($f$2+$g$2*a3))
セル g6   =sum(g4:g5)
```

	E	F	G
1		β_0	β_1
2		-0.511	1.466
3			
4		$\ln(\pi_1)$	-10.6
5		$\ln(\pi_2)$	-10.6
6		対数尤度LL	-21.2

手順3 「ソルバー」を使って，回帰係数の最尤推定量を計算する．ダイアログ「ソルバー：パラメータ設定」で

目的セル	g6
目標値	最大値
変化させるセル	f2:g2

を設定する.「実行」ボタンをクリックすると，回帰係数の推定量がセル f2:g2 に表示される.

手順4 帰無仮説 $H_0 : \beta_1 = 0$ を検定する統計量を計算する式を，セルに入力する.

> セル g8　=1/b2+1/c2+1/b3+1/c3
> セル g9　=normsinv(0.975)
> セル g10　=g2/sqrt(g8)

	E	F	G
8		Var(β_1)	0.544
9		上側2.5%点	1.96
10		z値	1.989

「手順2」の表のオッズ比の 1.466 は，「Excel 操作 ④：関係の強さ」で求めたオッズ比と同じ値である．この「手順4」の表をみると，検定統計量の実現値が 1.989 なので，両側 5%点を越えている．帰無仮説の棄却となり，目的変数と説明変数の間に関係があることを受け入れる．

第8章　データ包絡分析

8.1 データ包絡分析とは？

　多岐にわたる経営資源や経営目標をもつ事業体（たとえば，企業，公共団体，学校など），つまり，データが多入力と多出力の事業体に対して，評価対象の事業体の特徴を最大限考慮して
- 総産出量（多出力）/ 総投入量（多入力）による効率の相対評価
- 達成可能な効率改善目標値の提示

ができる分析手法があれば都合が良い．それが，**データ包絡分析**（data envelopment analysis: DEA）である．

8.1.1 達成可能な改善目標

　図 8.1 に，産出量 1/投入量と産出量 2/投入量からなる事業体データを示す．事業体 F は，事業体 A, B, C, D, E と比較して，資源の有効活用が低いことがわかる．事業体 F は，産出量 2 は事業体 A のレベルまで，あるいは産出量 1 であれば事業体 E のレベルまで改善できる可能性があることを示している．しかし，改善目標の達成可能性の観点からみると，産出量 2 は，事業体 A よりは事業体 B を目標にしたほうがよいようにみえる．一方，産出量 1 に関しては，事業体 E ではなく，事業体 C か D を改善目標にしたほうが達成可能性の観点から賢明と思われる．このように，データ包絡分析では，達成可能な目標値を既存データから求めている．

　このような達成可能な目標値の考え方から，
- 特徴ある事業体は運営手法の広がりを示す

ことがわかる．図 8.1 では，事業体 A や E が運営方法の広がりを示している．

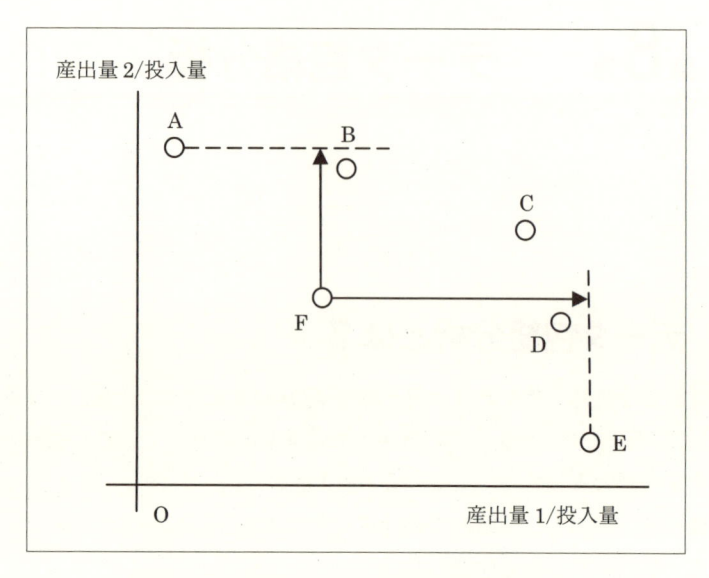

図 8.1　1 つの入力，2 つの出力の事業体データ

8.1.2　評価対象となる事業体

データ包絡分析では，評価対象を DMU(decision making unit) と呼ぶ．DMU の条件として，次のことがいえる．
- 類似した機能と独立した権限下で活動する組織体である．
- 共通の投入項目と産出項目が定義でき，その項目のデータは正の数値データであり，そして，総産出量（多出力）/ 総投入量（多入力）により効率が測れる．

DMU の例として，次のような入出力項目を持つ店舗をあげることができる．
　出力：来客数，売上高
　入力：売り場面積，従業員数
出力/入力による効率計算には，これらの各項目の単位が異なるので，各項目に重み v_1, v_2, u_1, u_2 を付けた式

$$\text{効率} = \frac{v_1 \times \text{来客数} + v_2 \times \text{売上高}}{u_1 \times \text{売り場面積} + u_2 \times \text{従業員数}}$$

を使う.各事業体に対する重みがわかれば,事業体の効率の比較ができる.

8.1.3 最適化問題としてのデータ包絡分析

効率を決定する重みを現実データから求める際に,達成可能な目標値を得るために,次のような仮定をする.

- 各事業体の現実データは効率を最大にするための努力の結果である
- 各事業体の現実データの一次結合で表れたデータは実現可能である

この仮定をもとに,各評価対象 DMU_a, $a=1,2,\cdots,N$ に対して,重みを,同一業種事業体のデータから求める.この重みは,分数計画問題と呼ばれる次の最適化問題の解として得ることができる.

目的関数:
$$\max_{u_a>0, v_a>0} \theta_a = \frac{v_a^t y_a}{u_a^t x_a}$$

(評価対象 DMU_a の効率 θ_a を最大にする重みを,最適解とする)

制約条件:
$$\frac{v_a^t y_i}{u_a^t x_i} \leq 1, u_a \geq 0, v_a \geq 0, i=1,2,\cdots,N$$

(最適解である評価対象 DMU_a の重みを,全ての DMU に対して適用したとしても,効率は1以下とする)

分数計画問題をこのままの形で解くのは難しいため,この問題と等価な双対最適化問題により解を求める.

Note ①

1. 本文中の分数計画問題は,次のような2つの等価な双対最適化問題に変更できる.これらの双対最適化問題は線形計画問題である.

・入力固定（出力指向モデル）

　目的関数： $\max v_a^t y_a$

　制約条件　$u_a^t x_a = 1$

$$v_a^t y_i \leq u_a^t x_i, u_a \geq 0, v_a \geq 0, \ i=1,2,\cdots,N$$

・出力固定（入力指向モデル）

　目的関数： $\min u_a^t x_a$

　制約条件　$v_a^t x_a = 1$

$$v_a^t y_i \leq u_a^t x_i, u_a \geq 0, v_a \geq 0, \ i=1,2,\cdots,N$$

---

(1) 入力指向モデル

　入力指向モデルは，次のような双対最適化問題であり，現在の出力値を保持したときの，評価対象 DMU_a, $a=1,2,\cdots,N$ の目標入力値を求めることができる．

$$\begin{aligned}
&\text{目的関数：} \min_{\theta_a > 0, \lambda_a > 0} \theta_a \\
&\text{制約条件：} \sum_{i=1}^{N} \lambda_{ai} x_i - \theta_a x_a \leq 0, \ \sum_{i=1}^{N} \lambda_{ai} y_i \geq y_a
\end{aligned}$$

　この定式化の意味を次に示す．

- 出力を現在のレベル以下の範囲に保持（$y \leq \sum_{i=1}^{N} \lambda_{ai} y_i$）．

- 実現可能データ範囲内 $\left(x \geq \sum_{i=1}^{N} \lambda_i x_i, y \leq \sum_{i=1}^{N} \lambda_i y_i \right)$ に，$(\theta_a x_a, y_a)$ が収まるようにすることである．

つまり，効率向上のために入力の減少がどこまで可能なのかを，現実のデータから推定することである．

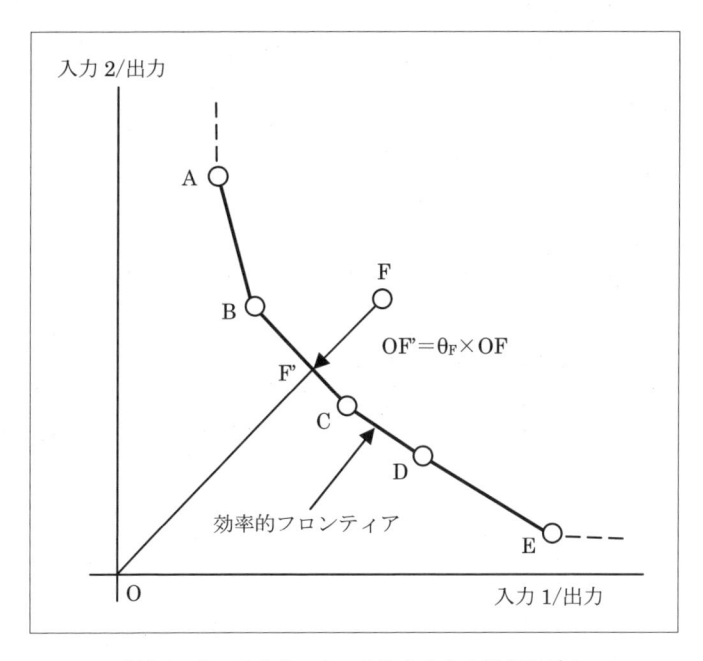

図8.2 2つの入力，1つの出力の入力指向モデル

図8.2は，2つの入力と1つの出力の場合の入力指向モデルにおける効率的フロンティアを示している．入力指向モデルによる包絡分析を行うと，参照度λは事業体BとCへの参照度を除いて0となるので，事業体Fの参照事業体は，BとC

になる．また，事業体 F の改善目標入力値は，現在の入力を θ_F 倍したもので，これは参照事業体 B と C の各入力を，それぞれ，λ_B と λ_C 倍した $\lambda_B x_B + \lambda_C x_C$ に等しい．

入力指向モデルの各パラメータの意味を次に示す．
- $\theta_a < 1$　　他の DMU と比較して，出力に対して入力過剰
- $\theta_a x_a$　　評価対象 DMU_a 入力に対する努力目標
- θ_a　　効率
- λ_a　　評価対象 DMU_a が参考にすべき模範 DMU の領域（**効率的フロンティア**）に近づくための改善目標 $\theta_a x_a$ を決定する**参照度**

Note ②

1. 入力固定の双対最適化問題は，$\lambda_a \geq 0$，$\nu_1 \geq 0$，$\nu_2 \geq 0$ を Lagrange 乗数とする次のような Lagrange 関数を最大にする $\mathbf{u}_a$，$\mathbf{v}_a$ を求めることで導くことができる．

$$\operatorname*{argmax}_{\mathbf{u}_a, \mathbf{v}_a} \left\{ \mathbf{v}_a^t \mathbf{y}_a - \sum_{i=1}^{N} \lambda_{ai} \left(\mathbf{v}_a^t \mathbf{y}_i - \mathbf{u}_a^t \mathbf{x}_i \right) - \nu_1 \left(\mathbf{u}_a^t \mathbf{x}_a - 1 \right) - \nu_2 \left(1 - \mathbf{u}_a^t \mathbf{x}_a \right) \right\}$$

この式を，$\mathbf{u}_a$，$\mathbf{v}_a$ で整理すれば

$$\operatorname*{argmax}_{\mathbf{u}_a, \mathbf{v}_a} \left\{ \mathbf{v}_a^t \left(\mathbf{y}_a - \sum_{i=1}^{N} \lambda_{ai} \mathbf{y}_i \right) + \mathbf{u}_a^t \left(\sum_{i=1}^{N} \lambda_{ai} \mathbf{x}_i - (\nu_1 - \nu_2) \mathbf{x}_a \right) + \nu_1 - \nu_2 \right\}$$

を得る．有界の最適解を得るには

$$\mathbf{y}_a - \sum_{i=1}^{N} \lambda_{ai} \mathbf{y}_i \leq 0 \quad \sum_{i=1}^{N} \lambda_{ai} \mathbf{x}_a - \theta_a \mathbf{x}_a \leq 0 \quad \theta_a = \nu_1 - \nu_2 \geq 0$$

となる必要がある．さらに，主問題の目的関数の定義域は凸空間であり，制約条件の関数がアフィン関数なので，双対定理を適用でき，主問題と等価な双対計画問題

　　目的関数：$\min \theta_a$

　　制約条件：$\mathbf{y}_a - \sum_{i=1}^{N} \lambda_{ai} \mathbf{y}_i \leq 0, \quad \sum_{i=1}^{N} \lambda_{ai} \mathbf{x}_a - \theta_a \mathbf{x}_a \leq 0, \quad \theta_a \geq 0$

を得る．

(2) 出力指向モデル

出力指向モデルは,次のような双対最適化問題であり,現在の入力値を保持したときの,評価対象 DMU_a, $a=1,2,\cdots,N$ の目標出力値を求めることができる.

目的関数: $\max_{\eta_a>0, \mu_a>0} \eta_a$

制約条件: $\sum_{i=1}^{N} \mu_{ai} x_i \leq x_a$, $\sum_{i=1}^{N} \mu_{ai} y_i - \eta_a y_a \geq 0$

この定式化の意味を次に示す.

- 入力を現在のレベル以下の範囲に保持($\sum_{i=1}^{N} \mu_a x_i \leq x_a$)

- 実現可能データ範囲内 $\left(x \geq \sum_{i=1}^{N} \mu_{ai} x_i, y \leq \sum_{i=1}^{N} \mu_{ai} y_i \right)$ に,$(x_a, \eta_a y_a)$ が収まるようにする.

これは,効率向上のため,対象 DMU の出力増加がどこまで可能なのかを現実データから推定していて,$\mu_a = [\mu_{a1} \quad \mu_{a2} \quad \cdots \quad \mu_{aN}]^t$ は入出力を同じ比率で変化させることを意味している.このように定式化された最適化問題を**出力指向モデル**と呼んでいる.

出力指向モデルの各パラメータの意味を次に示す.

- $\eta_a > 1$ 他の DMU と比較して入力に対して出力不足
- $\eta_a y_a$ 評価対象 DMU_a 出力に対する努力目標
- $1/\eta_a = \theta_a$ 効率
- $\mu_a = \lambda_a / \theta_a$ 評価対象 DMU_a が参考にすべき模範 DMU の領域(**効率的フロンティア**)に近づくための改善目標 $\eta_a y_a$ を決定する**参照度**

である.

図 8.3 の事業体 F に対して包絡分析を行うと,参照度は事業体 B と C への参照度を除いて 0 となるので,事業体 F の参照事業体は,B と C になる.また,事業体 F の改善目標出力は,現在の出力を μ_F 倍したもので,これは参照事業体 B と C の各出力を,それぞれ,μ_B と μ_C 倍した $\mu_B y_B + \mu_C y_C$ に等しい.

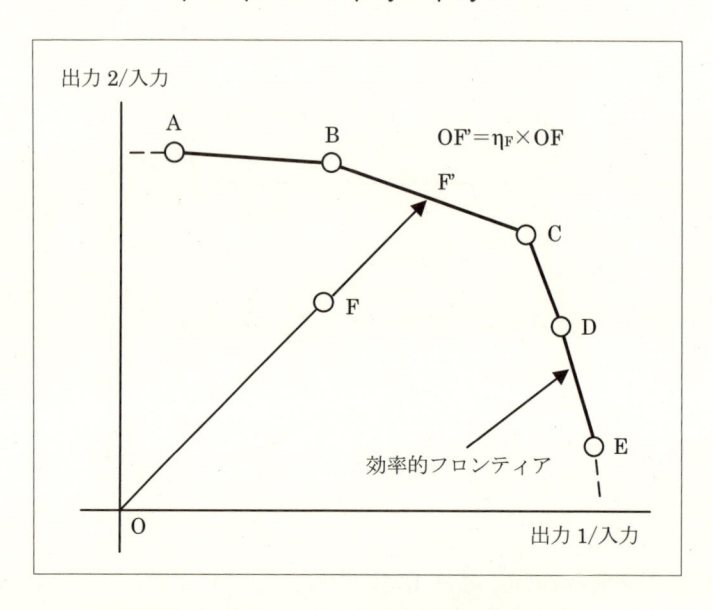

図 8.3　1 つの入力,2 つの出力の出力指向モデル

Note ③

1. 出力固定の双対最適化問題は,$\mu_a \geq 0$,$\nu_1 \geq 0$,$\nu_2 \geq 0$ を Lagrange 乗数とする次のような Lagrange 関数を最小にする $\mathbf{u}_a$,$\mathbf{v}_a$ を求めることで導くことができる.

$$\operatorname*{argmin}_{\mathbf{u}_a, \mathbf{v}_a} \left(\mathbf{u}_a^t \mathbf{x}_a - \sum_{i=1}^{N} \mu_{ai} \left(\mathbf{v}_a^t \mathbf{y}_i - \mathbf{u}_a^t \mathbf{x}_i \right) - \nu_1 \left(\mathbf{v}_a^t \mathbf{y}_a - 1 \right) - \nu_2 \left(1 - \mathbf{v}_a^t \mathbf{y}_a \right) \right)$$

この式を,$\mathbf{u}_a$,$\mathbf{v}_a$ で整理すれば

$$\operatorname*{argmin}_{\mathbf{u}_a, \mathbf{v}_a} \left\{ \mathbf{u}_a^t \left(\mathbf{x}_a - \sum_{i=1}^{N} \mu_{ai} \mathbf{x}_i \right) + \mathbf{v}_a^t \left(\sum_{i=1}^{N} \mu_{ai} \mathbf{y}_i - (\nu_1 - \nu_2) \mathbf{y}_a \right) + \nu_1 - \nu_2 \right\}$$

を得る．有界の最適解を得るには

$$y_a - \sum_{i=1}^{N} \mu_{ai} y_i \leq 0 \quad \eta_a x_a - \sum_{i=1}^{N} \mu_{ai} x_a \geq 0 \quad \eta_a = \nu_1 - \nu_2 \geq 0$$

となる必要がある．さらに，主問題の目的関数の定義域は凸空間であり，制約条件の関数がアフィン関数なので，双対定理を適用でき，主問題と等価な双対計画問題

目的関数：$\max \eta_a$

制約条件：$y_a - \sum_{i=1}^{N} \mu_{ai} y_i \leq 0 , \quad \eta_a x_a - \sum_{i=1}^{N} \mu_{ai} x_a \geq 0 , \quad \eta_a \geq 0$

を得る．

8.2 データ包絡分析例

Excel の分析ツールのソルバーを使って，出力指向モデルによるデータ包絡分析を行う．

Excel 操作 ①：ソルバーによる努力目標・効率の計算

(1) データ準備

Excel を起動して，ワークシートに次のような事業体の入出力データを入力する．セル A3 の数値 1 は分析対象のインデックス値で，表内の下の例では事業体 A を指定している．

	A	B	C	D	E
1	事業体包絡分析				
2	DMU番号				
3	1				
4					
5	事業体	入力x	出力y1	出力y2	
6	A	2	10	55	
7	B	2	33	61	
8	C	1	38	98	
9	D	1	46	75	
10	E	1	52	77	
11	F	1	52	21	
12	G	1	55	40	
13	H	1	60	79	
14	I	2	64	94	
15	J	1	70	33	
16	K	1	77	44	
17	L	1	83	34	
18					

(2) 目的関数・制約条件式の設定

ワークシートのセルに，次のように入力する．

手順1 セル a3 に対象 DMU のインデックス番号 1 を入力する．
手順2 セル範囲 f6:f18 に参照度の任意の初期値を入力する．
手順3 セル b18:d18 に，次の制約条件式を入力する．

> セル b18　=sumproduct(b6:b17,f6:f17)−index(b6:b17,a3,1)
> セル c18　=−sumproduct(c6:c17,f6:f17)+f18*index(c6:c17,a3,1)
> セル d18　=−sumproduct(d6:d17,f6:f17)+f18*index(d6:d17,a3,1)

	A	B	C	D	E	F
1	事業体包絡分析					
2	DMU番号					
3	1					
4						
5	事業体	入力x	出力y1	出力y2		参照度μ
6	A	2	10	55		0
7	B	2	33	61		0
8	C	1	38	98		0
9	D	1	46	75		0
10	E	1	52	77		0
11	F	1	52	21		0
12	G	1	55	40		0
13	H	1	60	79		0
14	I	2	64	94		0
15	J	1	70	33		0
16	K	1	77	44		0
17	L	1	83	34		0
18	制約条件	−2	0	0		0 =n

(3) ソルバーの実行

ソルバーのパラメータを設定し，実行して最適解を求める．

手順1 「ツール」メニューから「ソルバー」を選択する．
手順2 ダイアログ「ソルバー：パラメータ設定」が表示される．各項目を次のように設定する．

[第8章] データ包絡分析

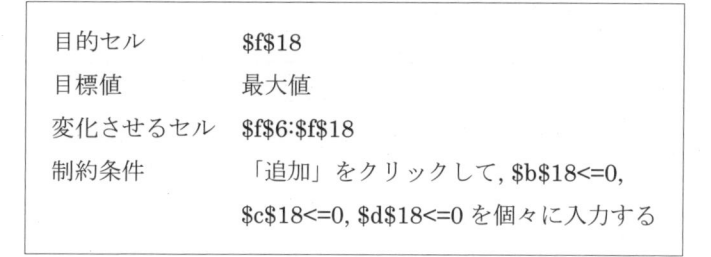

目的セル	f18
目標値	最大値
変化させるセル	f6:f18
制約条件	「追加」をクリックして, b18<=0, c18<=0, d18<=0 を個々に入力する

手順3 「オプション」ボタンをクリックして，「ソルバー：オプション設定」ダイアログを開き，「線形モデルで計算」，「単位の自動設定」，「非負数を仮定する」にチェックを入れる．その他の入力項目は既定値を採用する．

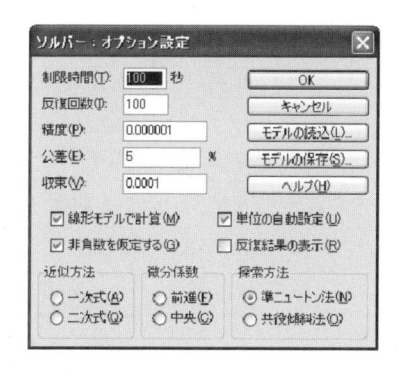

手順4 「OK」ボタンをクリックして，ダイアログ「ソルバー：オプション設定」

を閉じてダイアログ「ソルバー：パラメータ設定」に戻る.

手順5　ダイアログ「ソルバー：パラメータ設定」の「実行」ボタンをクリックする．ダイアログ「ソルバー：探索結果」が表示される．最適解が見つかるので，「解を記入する」を選択して，「OK」ボタンをクリックする．

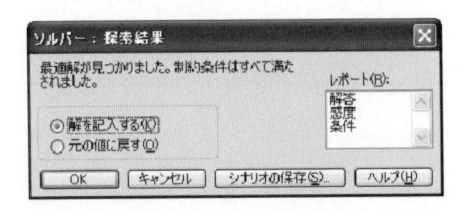

すると，次のような最適解を記入したワークシートを得る．

	A	B	C	D	E	F	
1	事業体包絡分析						
2	DMU番号						
3	1						
4							
5	事業体	入力x	出力y1	出力y2		参照度μ	
6	A	2	10	55		0	
7	B	2	33	61		0	
8	C	1	38	98		2	
9	D	1	46	75		0	
10	E	1	52	77		0	
11	F	1	52	21		0	
12	G	1	55	40		0	
13	H	1	60	79		0	
14	I	2	64	94		0	
15	J	1	70	33		0	
16	K	1	77	44		0	
17	L	1	83	34		0	
18	制約条件	-0	-40.4	0		3.56364	=η

手順6　セルa3に2を入力して，次の一連の操作をする．
　① 「ツール」メニューの「ソルバー」を選択する．
　② 「ソルバー：パラメータ設定」ダイアログの「実行」ボタンをクリックする．しばらくすると，「ソルバー：探査結果」ダイアログが表示される．
　③ 「ソルバー：探索結果」ダイアログの「OK」ボタンをクリックする．

手順7　残りの全事業体に対して，「手順6」を繰り返す．

(4) 最適解の分析

全事業体に対する最適解を表 8.1 に示す．これから，たとえば，事業体 A が参考にすべき事業体は C であり，目標出力値は事業体 A 出力の 3.56 倍

　　y1=3.56×10=35.6

　　y2=3.56×55=195.8

となる．

表 8.1　参照度と η (=1/θ)

参照DMU ＼ 対象DMU	A	B	C	D	E	F	G	H	I	J	K	L
A	0	0	0	0	0	0	0	0	0	0	0	0
B	0	0	0	0	0	0	0	0	0	0	0	0
C	2	1.07	1	0.34	0.19	0	0	0	0.36	0	0	0
D	0	0	0	0	0	0	0	0	0	0	0	0
E	0	0	0	0	0	0	0	0	0	0	0	0
F	0	0	0	0	0	0	0	0	0	0	0	0
G	0	0	0	0	0	0	0	0	0	0	0	0
H	0	0.93	0	0.66	0.81	0	0.43	1	1.64	0.091	0.23	0
I	0	0	0	0	0	0	0	0	0	0	0	0
J	0	0	0	0	0	0	0	0	0	0	0	0
K	0	0	0	0	0	0	0	0	0	0	0	0
L	0	0	0	0	0	1	0.57	0	0	0.91	0.77	1
η	3.56	2.92	1	1.14	1.07	1.6	1.33	1	1.75	1.16	1.01	1

図 8.4 に，全事業体の効率を示す．図中の実線は，効率的フロンティアを示している．効率的フロンティアとの交点 (17.62, 98) と事業体 A の入力値 2 から目標出力値を求めるならば，y1=35.2，y2=196 となる．これは，ソルバーの実行による最適解とほぼ一致している．

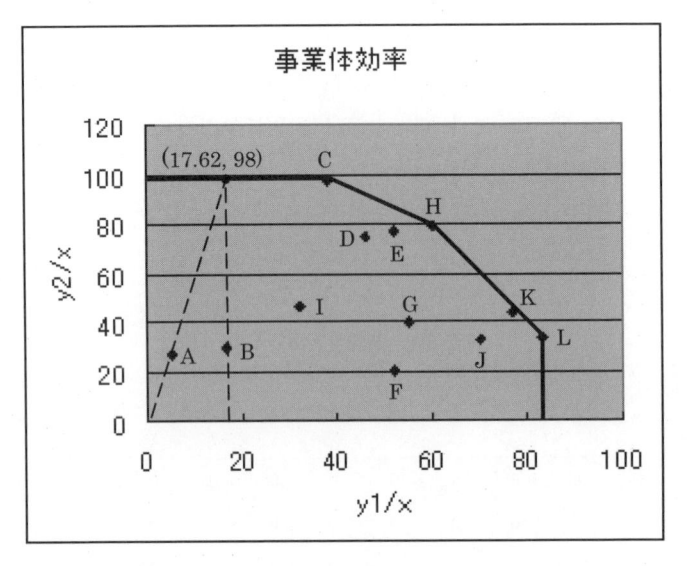

図 8.4　出力指向モデルの効率的フロンティア

図 8.4, また表 8.1 から, 次のことがわかる.
・効率的事業体
　　C, H, L
・非効率的事業体（左）が参照すべき事業体（右）
　　B, I, E, D　　　{C, H}
　　G, J, K　　　　{H, L}
　　A　　　　　　　{C}
　　F　　　　　　　{L}

事業体CやHは参照事業体が多く, これらの事業体のなかでは模範となることがわかる. さらに, 効率的事業体を使って, 非効率的事業体のグループ分けが次のようにできる.

・事業体 C, H を代表とするグループ {B, I, E, D}
・事業体 H, L を代表とするグループ {G, J, K}
・事業体 C を代表とする A
・事業体 L を代表とする F

これらのグループ分けにより，各グループに対するきめ細かな対応策を検討できる．さらに，効率的事業体を除いた事業体に対して第2次データ包絡分析を行うことにより，第2次効率的事業体を得る．さらに，第3次，第4次と行っていけば，効率的事業体の階層的関係を得る．

(5) 入力指向モデルによる分析

|手順1| セル a3 に対象 DMU のインデックス番号 1 を入力する．

	A	B	C	D	E	F	
1	事業体包絡分析						
2	DMU番号						
3		1					
4							
5	事業体	入力x	出力v1	出力v2		参照度 μ	
6	A	2	10	55		0	
7	B	2	33	61		0	
8	C	1	38	98		0	
9	D	1	46	75		0	
10	E	1	52	77		0	
11	F	1	52	21		0	
12	G	1	55	40		0	
13	H	1	60	79		0	
14	I	2	64	94		0	
15	J	1	70	33		0	
16	K	1	77	44		0	
17	L	1	83	34		0	
18	制約条件	-2	0	0		0	$=\eta$

|手順2| セル範囲 f6:f18 に参照度の任意の初期値を入力する．

|手順3| セル b18:d18 に，次の制約条件式を入力する．

> セル b18 　=sumproduct(b6:b17,f6:f17)−f18*index(b6:b17,a3,1)
> セル c18 　=-sumproduct(c6:c17,f6:f17)+index(c6:c17,a3,1)
> セル d18 　=-sumproduct(f6:f17,f6:f17)+index(d6:d17,a3,1)

|手順4| パラメータ設定は，目標値を最小値にすることを除いて，出力指向モデルの設定と同じ設定にする．

全事業体に対する最適解を表 8.2 に示す．目的関数値 θ が出力指向モデルの目的関数値の逆数となっていることがわかる．事業体 A が参考にすべき事業体は C であり，目標入力値は，現入力値 2 を 0.28 倍した 0.56 となる．

表8.2　参照度と効率 θ

対象 DMU / 参照 DMU	A	B	C	D	E	F	G	H	I	J	K	L
A	0	0	0	0	0	0	0	0	0	0	0	0
B	0	0	0	0	0	0	0	0	0	0	0	0
C	0.56	0.37	1	0.3	0.18	0	0	0	0.2	0	0	0
D	0	0	0	0	0	0	0	0	0	0	0	0
E	0	0	0	0	0	0	0	0	0	0	0	0
F	0	0	0	0	0	0	0	0	0	0	0	0
G	0	0	0	0	0	0	0	0	0	0	0	0
H	0	0.32	0	0.58	0.75	0	0.32	1	0.94	0.08	0.23	0
I	0	0	0	0	0	0	0	0	0	0	0	0
J	0	0	0	0	0	0	0	0	0	0	0	0
K	0	0	0	0	0	0	0	0	0	0	0	0
L	0	0	0	0	0	0.63	0.43	0	0	0.79	0.76	1
θ	0.28	0.34	1	0.88	0.93	0.63	0.75	1	0.57	0.87	0.99	1

図 8.5 に，全事業体の 1/事業体効率を示す．図中の実線は，効率的フロンティアを示している．目標入力値を，図の効率的フロンティアとの交点(0.056,0.01)と事業体Aの現入力値を使って求めるならば，0.056*y1=0.56, 0.01*y2=0.55 となる．これは，ソルバーの実行による最適解とほぼ一致している．

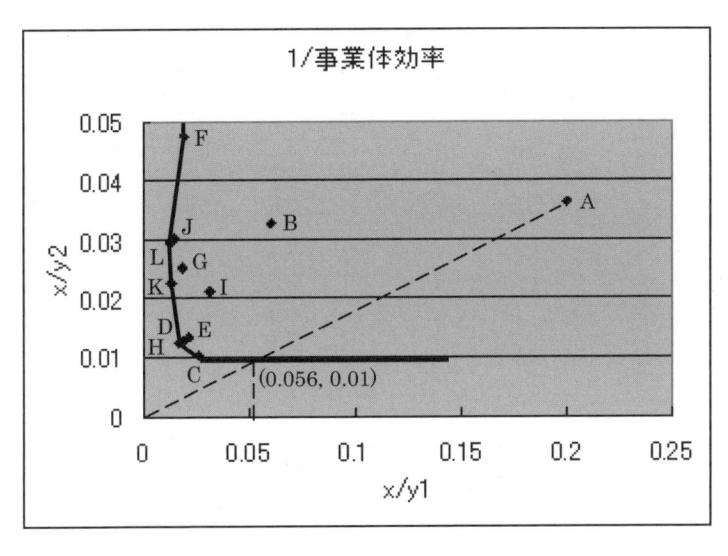

図 8.5　入力指向モデルの効率的フロンティア

参 考 文 献

[1]　R. V. Hogg, A. T. Craig : Introduction to Mathematical Statistics, Macmillan, 1970.
[2]　N. R. Draper, H. Smith : Applied Regression Analysis, John Wiley & Sons, 1966.
[3]　B. W. Lindgren : Statistical Theory, Macmillan, 1968.
[4]　P. McCullagh, J. A. Nelder : Generalized Linear Models, Chapman & Hall, 1989.
[5]　D. R. Cox, D. V. Hinkley : Theoretical Statistics, Chapman & Hall, 1974.
[6]　P. J. Bickel, K. A. Doksum : Mathematical Statistics: Basic Ideas and Selected Topics, Holden-Day, 1977.
[7]　C. R. ラオ（奥野忠一ほか訳）：統計的推測とその応用，東京図書，1977.
[8]　A. Agresti : Categorical Data Analysis, John Wiley & Sons, 2002.
[9]　刀根薫：経営効率性の測定と改善―包絡分析法 DEA による，日科技連出版社，1993.
[10]　木島正明，中川慶一郎，生田目崇（編著）：マーケティング・データ解析―Excel/Access による，朝倉書店，2003.

索 引

【アルファベット】
ABC分析 13
Bartlett検定統計量 133
DEA 207
DMU 208
Fisher線形判別器 112
f値 44
k最近傍法 114
Levene検定 132
logit関数 115
Mann-Whitney検定 188
McNemar検定 178
Tスコア 18
t値 31, 39
Wald検定 124
x^2値 34

【い】
1元配置分散分析 128

【う】
上側$\alpha/2\times100\%$点 24

【お】
オッズ 196
オッズ比 195

【か】
回帰関数 63
回帰係数 63
　―の確率分布 67
　―の検定 68
　―の誤差 65
　―の標準誤差 65
回帰直線 65
回帰分析 63
回帰変動 64
階層的判別 99
カイ2乗検定 185
確率分布 7, 20
確率分布関数 20
確率変数 20
確率密度分布 7, 20
片側検定 32
カテゴリ変数 127
カテゴリ変量 7, 13
カーネル法 114
加法モデル 114
間隔変量 13
観察度数 170
完全相関 58
観測比率 161, 170
関連性の検定 185

【き】

危険率　24
記述統計　1
記述統計学　1
期待値　20
期待度数　170
基本記述統計量　15
帰無仮説　30
帰無仮説の棄却　30
級間変動　129
95%信頼区間　24
級内変動　129
境界線　93, 107
境界面　93
共分散　59
　　―を正規化　59
行・列要因効果の検定　147

【く】

区間推定　23
クロス集計表　176
群間変動　113, 129
群内変動　113, 129

【け】

経験確率　20
　　―分布　20
決定係数　64

【こ】

交互作用　128
効率的事業体　220
効率的フロンティア　212

【さ】

最小2乗法　63

採択域　32
最頻値　14
最尤推定法　116
残差分析　67
残差変動　64
参照事業体　220
参照度　212
散布図　51

【し】

下側 $\alpha/2 \times 100\%$ 点　24
実現値　66
指標　2
重回帰分析　57, 65
重相関係数　81
自由度　24
周辺度数　186
主成分分析　114
出力指向モデル　213
樹木モデル　114
主要因　128
順序変量　13
条件付期待値　101
信頼区間　24
信頼度　24

【す】

推測統計学　1
スコア検定　124
スチューデント化した残差　75

【せ】

正規性の検定　46
正準相関分析　114
正の相関　58
説明変数　63

線形回帰分析　65
線形判別器　101, 103
尖度　17
全変動　64

【そ】
相関　51
相関係数　57
双対最適化問題　209
相対度数分布　7
総変動　113

【た】
第1分位数　14
第3分位数　14
対数オッズ比　196
大数の強法則　22
大数の弱法則　22
大数の法則　20
対数尤度　116
対数尤度比　124
対数尤度比検定　124
代表値　95
代表的統計量　19
対立仮説　30
対立仮説の採択　30
多重検定の問題　133
多変量解析　57
単回帰分析　62, 65

【ち】
中央値　14
中心極限定理　21
調整済み決定係数　81, 120

【て】
適合度　64, 120
適合度の検定　169, 170, 194
デザイン行列　79
データ包絡分析　207
点推定　23

【と】
統計的検定　30
統計的推定　1
統計的独立　22
等分散の検定　43
独立性の検定　185

【に】
2×2クロス集計表　176
2元配置分散分析　128
2乗残差　63
2変量の関連性指標　195
入力指向モデル　210

【は】
棄却域　32
％スコア　18
ハット行列　79
パレート　13
範囲　14
判別関数　102

【ひ】
ピアソンのカイ2乗統計量　170
非効率的事業体　220
非線形回帰　114
非復元抽出　23
比変量　13
標準化残差　67, 75, 80

標準誤差（SE） 17, 22
標準スコア 18
標準正規分布 23
標準年齢 18
標準偏差 17, 29
標本 1
標本調査 19
標本標準偏差 14
標本比率 161
標本分散 14
標本分散行列 79
標本平均 14, 20

【ふ】
フィッシャーの3原則（反復，無作為，局所管理） 150
フィッシャーの直接確率法 188, 190
復元抽出 22
負の相関 58
不偏共分散 59
不偏分散 17, 29
　―の相対誤差 29
不偏偏差 29
プールした分散 103, 132
分散 14, 17
　―の検定 34

【へ】
平均値 14
　―の検定 31
　―の差の検定 37
ベイズの定理 102
ベルヌーイ分布 114
偏回帰係数 81
偏差 14
偏相関係数 59, 78

偏相関分析 78
変量 2
変量値 2
変量の種類 13

【ほ】
母集団 1
　―の平均値 20
母比率 161
　―の検定 161
　―の差の検定 174
母分散 19, 21
　―の区間推定 27
母平均 19, 20
　―の区間推定 23

【む】
無限母集団 20
無相関 58

【め】
名義変量 7, 13

【も】
目的変数 63

【ゆ】
有意確率（p値） 33
有意水準 100α 32
尤度 116
尤離度 121
尤離度の差 121

【よ】
要因 127
要因分析 7

4分位範囲　14

【り】
両側$\alpha \times 100\%$点　24
両側検定　32
理論度数　170
　　―分布　170

【る】
累積構成比　7, 8

【れ】
レベル（水準）　127

【ろ】
ロジスティック回帰　114

【わ】
歪度　17

<著者紹介>

石丸 清登（いしまる きよと）
東亞特殊電機株式会社（1969～1973）
カンザス大学大学院 電気工学専攻 M.S.取得（1975）
カンザス大学大学院 計算機科学専攻 M.S.取得（1977）
ペンシルベニア州立大学大学院 音響学専攻 Ph.D.取得（1983）
株式会社河合楽器製作所（1983～1987）
現在 浜松職業能力開発短期大学校 勤務

［著書］　プログラミング言語Lisp 入門からマルチメディアまで
　　　　（アスキー，2001）
［翻訳書］コンピュータ・サイエンスのための言語理論入門
　　　　（共訳：共立出版，1986）

ISBN978-4-303-73095-6

Excelでしっかり学ぶデータ分析

2010年5月10日　初版発行　　　　　　Ⓒ K. ISHIMARU 2010

著 者　石丸清登　　　　　　　　　　　　　　　検印省略
発行者　岡田吉弘
発行所　海文堂出版株式会社
　　　　本　社　東京都文京区水道2-5-4（〒112-0005）
　　　　　　　　電話 03（3815）3292　FAX 03（3815）3953
　　　　　　　　http://www.kaibundo.jp/
　　　　支　店　神戸市中央区元町通3-5-10（〒650-0022）
　　　　　　　　電話 078（331）2664
日本書籍出版協会会員・工学書協会会員・自然科学書協会会員

PRINTED IN JAPAN　　　　　　　　印刷　田口整版／製本　小野寺製本

JCOPY ＜(社)出版者著作権管理機構 委託出版物＞
本書の無断複写は著作権法上での例外を除き禁じられています。複写される
場合は、そのつど事前に、(社)出版者著作権管理機構（電話 03-3513-6969，
FAX 03-3513-6979，e-mail: info@jcopy.or.jp）の許諾を得てください。